CROISSANCE ET DEVELOPPEMENT DES ANIMAUX

JEAN-YVES PATTIER

Agrégé de Sciences biologiques

Professeur en classes préparatoires aux Ecoles Nationales Vétérinaires,

Lycée Chateaubriand, Rennes.

ellipses

EDITION MARKETING
EDITEUR DES PREPARATIONS
GRANDES ECOLES MEDECINE
32, rue Bargue 75015 PARIS

ISBN 2-7298-9177-3

INTRODUCTION

La croissance est un phénomène purement **quantitatif**, donc accessible à une étude mathématique simple pouvant donner lieu à une représentation graphique (taille, poids en fonction du temps). Elle est le résultat de deux actions conjuguées, **multiplication et croissance cellulaires**. Bien que définie comme un phénomène purement quantitatif, elle est cependant le moteur essentiel du développement, car c'est la croissance différentielle des régions du corps (**Allométrie**) qui progressivement modèle la morphologie et l'anatomie de l'animal.

Le développement est un phénomène à dominante **qualitative**, d'évolution morphologique et anatomique qui conduit de l'œuf (résultat de la fécondation) à l'animal adulte capable de se reproduire. Au niveau cellulaire, le développement s'accompagne d'une **perte de la totipotence** qui conduit progressivement à la **différenciation cellulaire**.

On conçoit donc la difficulté qui existe pour séparer croissance et développement puisque ces deux phénomènes sont intimement liés au cours de l'évolution qui conduit chez les métazoaires de l'œuf à l'adulte.

Le développement présente en réalité deux étapes fondamentales :

– une qui va de l'œuf à l'éclosion (oviparité) ou à la parturition (viviparité), libère un être plus ou moins autonome : c'est le **développement embryonnaire** (DE) ;
– l'autre correspond à l'évolution de cet être libéré jusqu'à l'acquisition de la maturité sexuelle qui définit l'adulte : c'est le **développement post-embryonnaire** (DPE).

Selon les groupes zoologiques, l'être libéré à l'éclosion peut être une **larve** ou un **jeune** :

– la larve présente une morphologie fondamentalement différente de celle de l'adulte, elle devra donc subir des bouleversements nommés **métamorphoses** pour acquérir sa forme définitive ;
– le jeune est un adulte en miniature, dépourvu de la maturité sexuelle et présentant fréquemment des proportions différentes de celles de l'adulte en ce qui concerne les régions de son corps.

Ces observations conduisent à classer les développements post-embryonnaires en deux catégories :

– les espèces à **DPE direct** sont celles qui libèrent un jeune à l'éclosion ou à la parturition, le DPE consistera alors (schématiquement) en une simple croissance et une acquisition de la maturité génitale (puberté) ;
– les espèces à **DPE indirect** libèrent à l'éclosion une larve qui devra subir des métamorphoses avant de donner un jeune ou un adulte.

Les différents développements peuvent donc être schématisés ainsi :

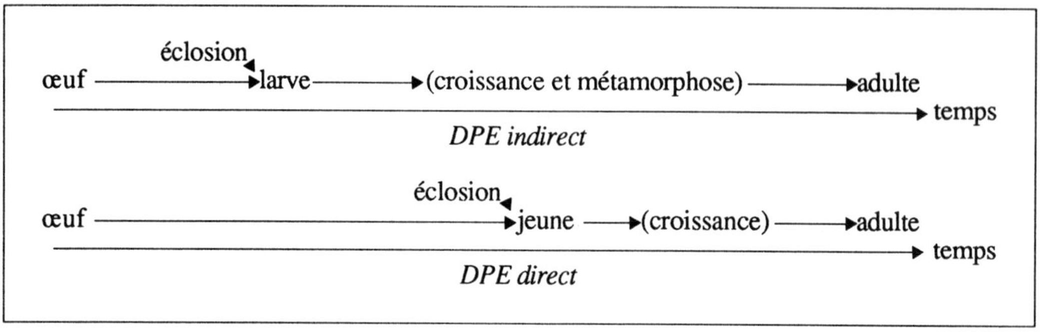

En fait tout se passe comme si on déplaçait (dans le cas du DPE direct) le "curseur" naissance vers la droite sur la ligne du temps. En retardant ainsi l'éclosion (ou la parturition) on allonge la phase embryonnaire au cours de laquelle ont alors le temps de se dérouler les principaux bouleversements morphologiques qui donnent un adulte en miniature. « Tout se passe comme si "les métamorphoses" avaient lieu avant l'éclosion ».

TABLE DES MATIERES

PARTIE A

LE DEVELOPPEMENT EMBRYONNAIRE DES ANIMAUX

1. Les étapes du développement embryonnaire

Bien que le développement de l'embryon soit continu, on a coutume de le diviser arbitrairement en phases, caractérisées par des événements marquants. Ces étapes sont successivement :

• **La segmentation** : c'est essentiellement une activité mitotique.

• **La gastrulation** : caractérisée par un ensemble de mouvements qui mettent en place l'ébauche du plan d'organisation de l'animal.

• **Les étapes morphogénétiques et organogénétiques ultérieures** qui conduisent à l'édification de l'être "autonome" libéré à la naissance. C'est au cours de ces phases que se réalisent les spécialisations cellulaires avec édifications des tissus et organes fonctionnels.

I – La segmentation : une activité mitotique intense

1. L'œuf et ses originalités

a/ Caractéristiques générales

L'œuf est par définition la cellule issue de la fécondation. Chez les métazoaires, il y a toujours une **anisogamie** (oogamie) telle que le spermatozoïde presque réduit à son noyau n'apporte pas une masse cytoplasmique importante. La structure de l'œuf sera donc conditionnée de façon quasi-exclusive par celle du gamète femelle. Les caractéristiques générales de l'œuf sont bien illustrées et observables sur celui d'Amphibien (figure 1).

L'œuf possède toujours avec un développement plus ou moins important :

• Des enveloppes protectrices :

– **les membranes primaires** : membrane vitelline et membrane de fécondation, formées dans l'ovaire et au cours de la fécondation. (L'espace périvitellin a désolidarisé l'œuf de ses enveloppes primaires : voir fascicule « Reproduction ») ;
– **les enveloppes secondaires** (ici la gangue muqueuse) sécrétées dans les voies génitales.

• Un cytoplasme abondant et régionalisé :

– le rapport nucléocytoplasmique (RNP) : volume du noyau/volume du cytoplasme est toujours bas. Le cytoplasme présente une hétérogénéité qui donne à l'œuf une structure polarisée.

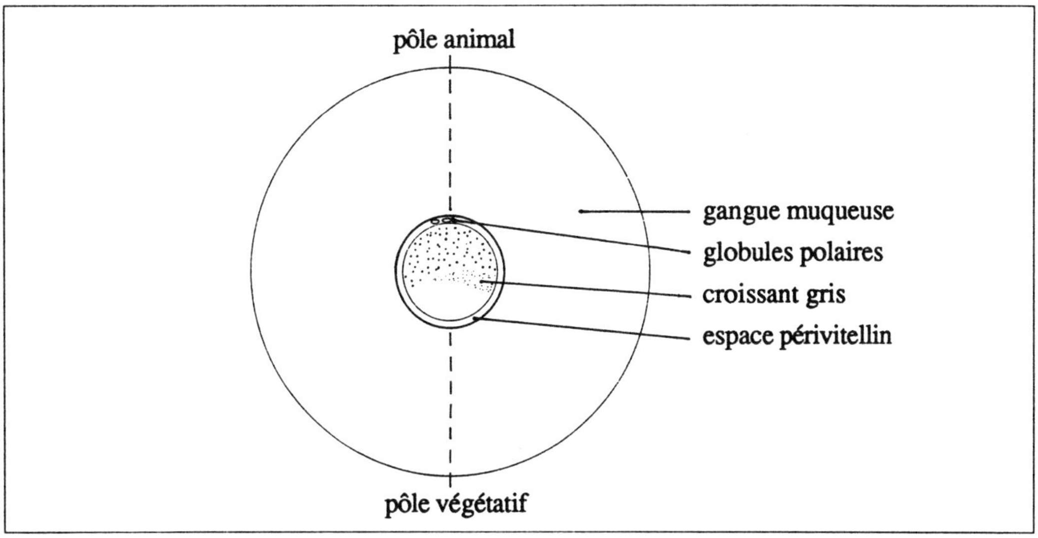

Figure 1 – L'œuf de grenouille

Dans le cas de l'œuf d'Amphibien, on note d'une part, un **gradient vitellin** qui va croissant du pôle dit animal contenant le noyau et du cytoplasme pauvre en vitellus au pôle dit végétatif riche en grosses plaquettes vitellines et d'autre part, un **gradient inverse ribonucléoprotéique** dû à une répartition inégale des ribosomes, beaucoup plus concentrés au pôle animal qu'au pôle végétatif.

– à cette polarité acquise dès la ponte s'ajoute une symétrisation réalisée au cours de la fécondation ou dans les toutes premières étapes du développement. Dans le cas de l'œuf d'Amphibien, la face dorsale est marquée par le **croissant gris** dont la mise en place est due à un mouvement de bascule de la calotte pigmentaire déclenché par la fécondation (cf. fascicule « Reproduction »). On peut aussi noter une remontée des plaquettes vitellines (rempart vitellin) sur cette même face dorsale.

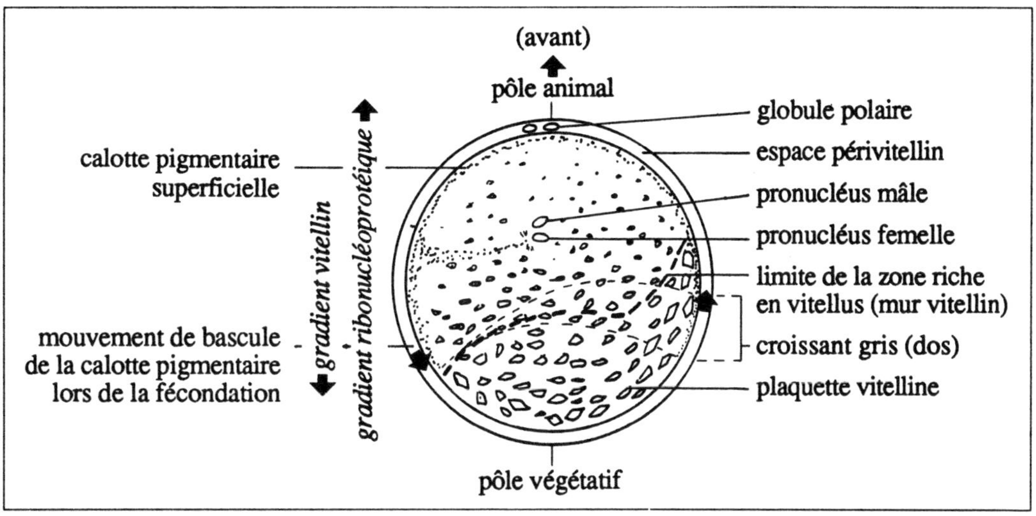

Figure 2 – Œuf de grenouille dégangué (vue latérale gauche)

Chez la plupart des métazoaires, l'œuf présente donc une polarité réalisée dès le stade ovocyte. Quant à la symétrie bilatérale, lorsqu'elle existe, elle pourra apparaître dès le stade de l'œuf (Amphibien) ou dans les toutes premières étapes du développement embryonnaire.

L'œuf est donc une cellule originale par l'importance quantitative et l'hétérogénéité de son cytoplasme.

b/ Les différents types d'œufs

Si tous les œufs présentent les mêmes caractéristiques fondamentales, celles-ci sont réalisées avec une importance plus ou moins grande suivant les groupes zoologiques.

La quantité relative de vitellus permet de faire une classification des œufs.

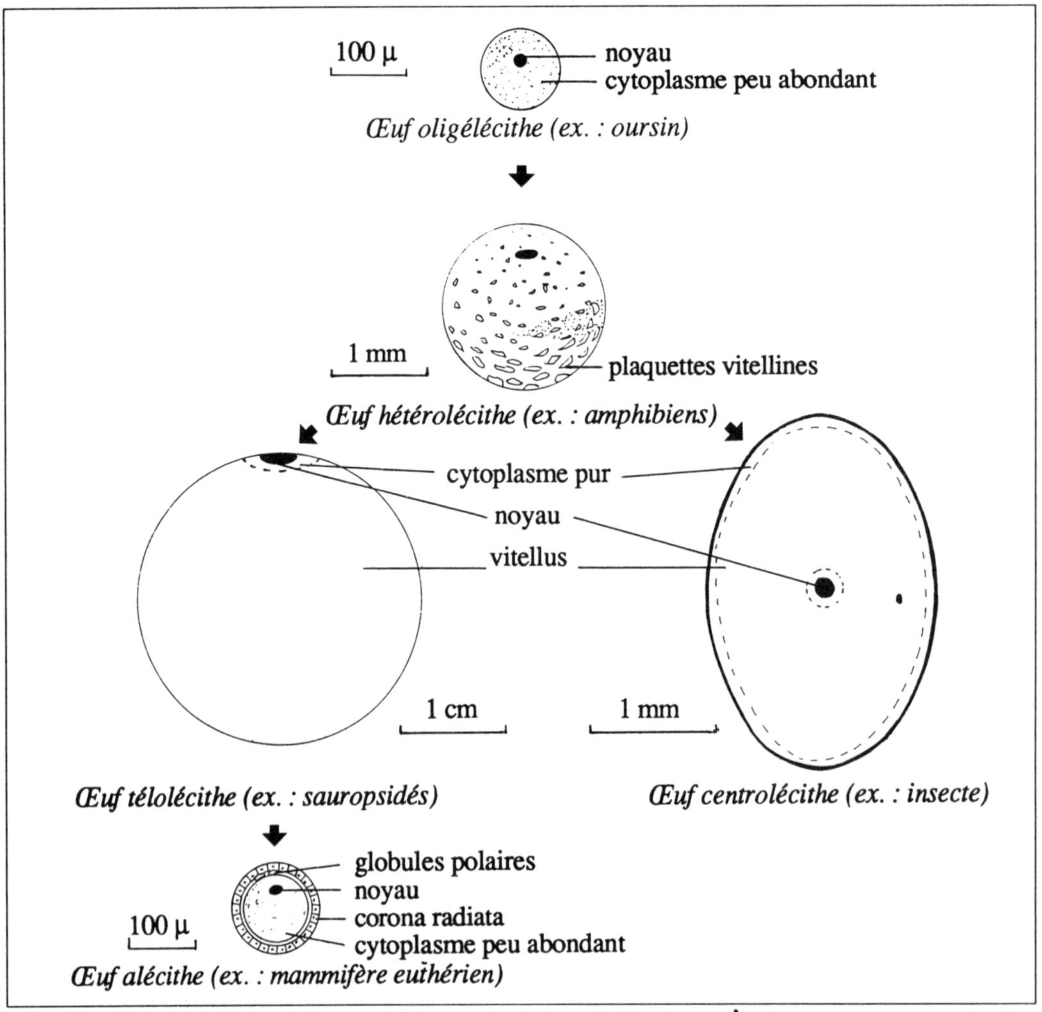

Figure 3 – L'évolution de la charge vitelline des œufs

• Les œufs, primitivement pauvres en vitellus, fournis en grande quantité par l'organisme maternel, et ne pouvant assurer qu'un développement embryonnaire de courte durée. Ex. : l'œuf **oligolécithe** d'oursin.

• Les œufs, plus riches en vitellus, fournis en moins grande quantité et assurant un plus long développement embryonnaire ; leur caractéristique essentielle est l'hétérogénéité de la répartition du vitellus : ce sont les œufs **hétérolécithes**. Ex. : Amphibiens, Annélides.

• Les œufs, très riches en vitellus, fournis en quantité limitée ; ils permettent un long développement embryonnaire mais n'autorisent pas une segmentation totale. Dans cette catégorie on distingue :

– les œufs **centrolécithes** (Insectes) où le vitellus est essentiellement localisé au centre de la cellule ;
– les œufs **télolécithes** [Mollusques Céphalopodes – Vertébrés : Sélaciens – Sauropsidés (reptiles, oiseaux) – Mammifères protothériens], représentés par une cellule œuf (ex. jaune de l'œuf d'oiseau) géante et entièrement envahie par le vitellus à l'exception d'une petite zone plus purement cytoplasmique contenant le noyau.

• Les œufs **alécithes** (Mammifères Métathériens et Euthériens), secondairement appauvris en vitellus par l'acquisition d'un développement embryonnaire vivipare.

2. La segmentation

Tous les œufs présentent à un degré plus ou moins important un rapport nucléocytoplasmique faible qui est en fait un facteur favorable au déclenchement des mitoses. Si le déterminisme de la mitose équationnelle n'est pas vraiment élucidé, cet aspect quantitatif permet de concevoir l'accroissement exponentiel du nombre des cellules que vont subir tous les embryons au cours de la phase initiale de leur développement. Les cellules embryonnaires sont appelées des blastomères ; grâce à la segmentation, la valeur du RNP (rapport nucléocytoplasmique) va progressivement se rapprocher de sa normale pour l'espèce.

a/ Étude parallèle chez les Spiralia et les Batraciens (figure 4)

L'œuf de la Néréis (qui appartient au phylum des Spiralia), tout comme celui des Amphibiens (Vertébrés), subit, et ce malgré l'éloignement systématique des deux groupes, une évolution assez comparable :

• La segmentation de l'œuf est dans les deux cas d'abord totale et égale, le premier plan de clivage méridien contenant l'axe pôle animal, pôle végétatif. De plus, la symétrie bilatérale est déjà fixée : chez les **Spiralia**, le blastomère B est antérieur, le D postérieur. Chez les *Batraciens*, le premier plan de clivage est dans le plan de symétrie dans 50 % des cas.

• La deuxième mitose se réalise avec un plan de clivage méridien orthogonal au premier. On atteint alors le stade "4 blastomères". Jusqu'alors, les plans de clivage contiennent les "vecteurs" des gradients de l'œuf et **séparent des cellules à contenu semblable** (si on excepte la dissymétrie dorsoventrale).

• Dans les deux cas, ensuite, la troisième mitose n'est plus méridienne, et le plan de clivage latitudinal (Batracien) ou oblique (Spiralia) est toujours décalé vers le pôle animal, ce qui explique l'inégalité de taille des blastomères gros et riches en vitellus dans l'"hémisphère végétatif" (**macromères**) ; pauvres en vitellus et plus petits au pôle animal (**micromères**). Chez les Spiralia, le premier quartette de micromères est décalé de 45° vers la droite par rapport aux macromères, si on regarde l'embryon du pôle animal.

Les segmentations des deux groupes zoologiques se différencient sensiblement ensuite :

• **Chez les Spiralia**, les plans de clivage sont tous supra-équatoriaux obliques. L'inclinaison des plans de clivage alterne d'une mitose à l'autre, décalant alternativement vers la droite et vers la gauche par leur inclinaison à 45° sur l'horizontale les nouveaux quartettes de micromères par rapport aux macromères, ce qui donnera à la **morula** (masse pluricellulaire issue de la segmentation), vue du pôle animal, un aspect caractéristique dans lequel les cellules seront disposées en spirale (d'où le terme de Spiralia). Etant donné le déterminisme précoce des blastomères, on les repère conventionnellement par un système de notation : le premier clivage donne 2 blastomères (AB et CD) ; le deuxième clivage les sépare en 4 blastomères (A, B, C, D) ; le troisième donne le premier quartette de 4 micromères (1a, 1b, 1c, 1d) et 4 macromères (1A, 1B, 1C, 1D). Ensuite, les divisions de chaque macromère donnent 1 macromère (ex. 2A) et 1 micromère (ex. 2a) appartenant au deuxième quartette, puis au troisième (3a) et au quatrième quartette (4a). La descendance du macromère D est indiquée à titre d'exemple sur le tableau suivant. La segmentation est terminée après cinq divisions (stade 64 cellules).

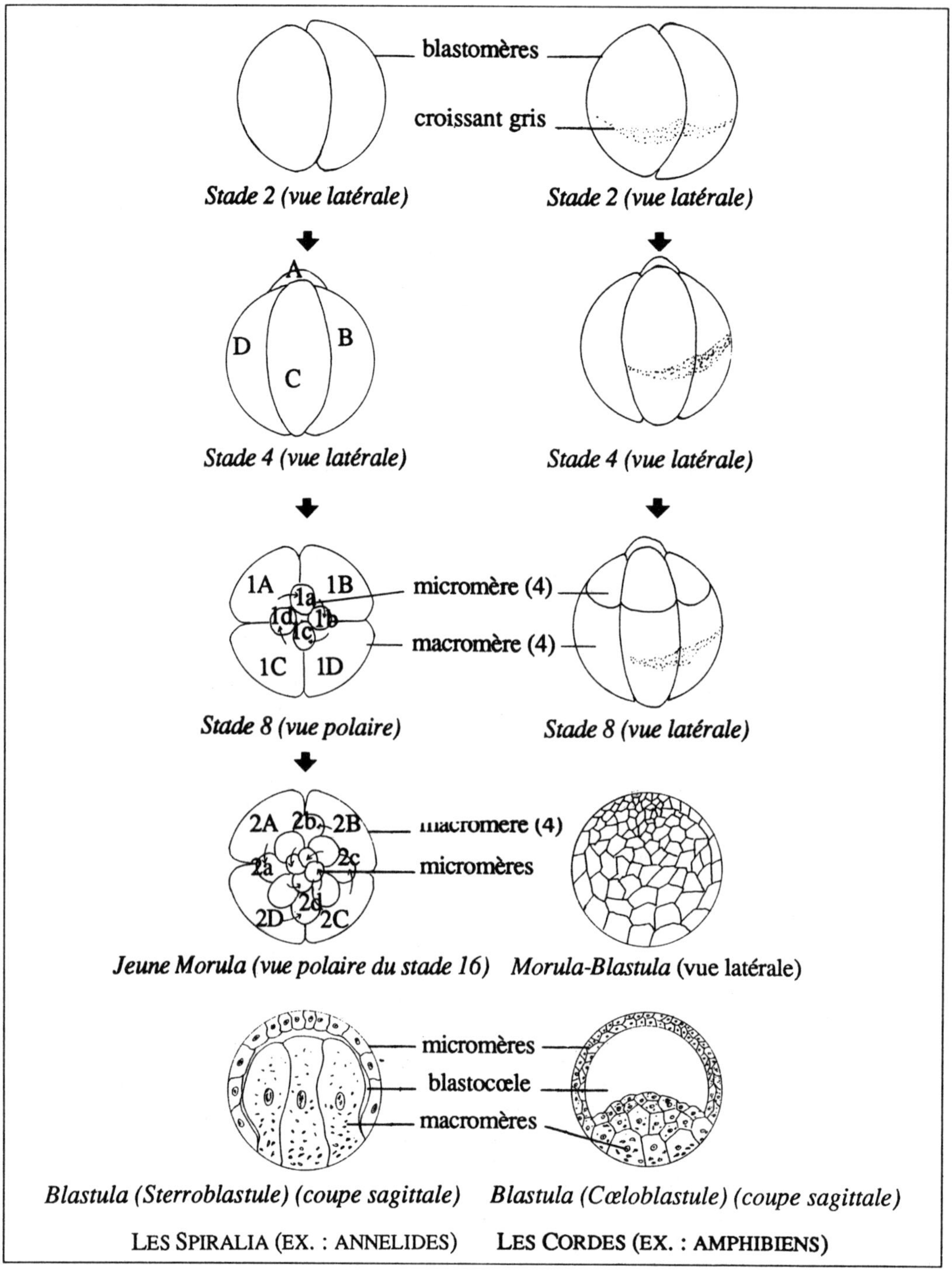

Figure 4 – La segmentation

Tableau

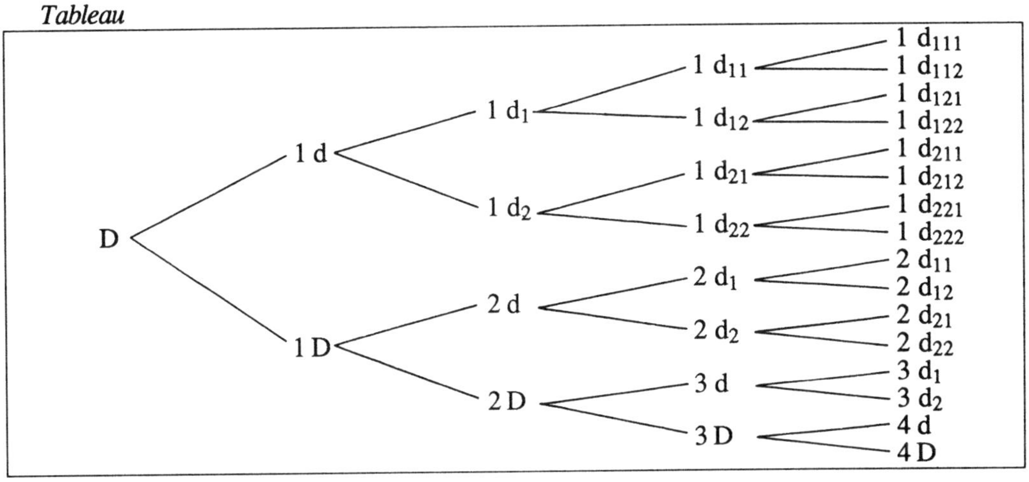

• **Chez les Batraciens**, après le troisième clivage qui est sus-équatorial (stade 8), deux nouveaux clivages méridiens s'enchaînent, le stade 64 est alors rapidement atteint, avec 16 macromères et 48 micromères ; de plus, dès le stade 8, les cellules s'écartent, ménageant à l'intérieur de l'embryon une cavité (**le blastocœle**) qui se développera progressivement au cours des mitoses ultérieures entre un "plancher" de macromères et un "plafond" de micromères, l'embryon prendra alors le nom de **Blastula**. Au cours de la segmentation, le nombre de cellules augmente d'abord de façon exponentielle, mais après le 12ème clivage (2^{12} = 4 096 cellules), les divisions deviennent asynchrones. Ce changement de rythme qui affecte la blastula est appelé **transition blastuléenne**. La durée totale de la segmentation est en moyenne de 24 h à 18°C, elle donne une blastula âgée contenant à peu près 6 000 cellules.

b/ Généralisation

La segmentation représente toujours l'étape initiale du développement embryonnaire ; elle est essentiellement caractérisée par une succession de mitoses équationnelles permettant de passer de l'œuf (**état monocellulaire**) à un embryon **pluricellulaire** (morula – blastula) préparant l'état métazoaire.

L'étude comparée de la segmentation dans les divers groupes zoologiques peut présenter un intérêt systématique et évolutif qui est bien illustré par les exemples des Spiralia et des Cordés.

➤ Le phylum des Spiralia est caractérisé à l'origine par l'orientation oblique des plans de clivage décalant les blastomères, qui apparaissent alors vus du pôle animal disposés sur une hélice. La morula de type spiral n'est vraiment observable en fait de façon typique que chez les Annélides et chez certains Mollusques aux œufs hétérolécithes. En effet, l'enrichissement en vitellus, qui caractérise de nombreuses espèces, s'oppose par le principe de "**l'inertie vitelline**" à la segmentation totale de l'œuf.
Les Mollusques Céphalopodes et les Insectes illustrent bien cette idée.

• Chez les **Céphalopodes**, à œuf télolécithe, la segmentation est partielle, superficielle, l'embryon se développe d'abord sous la forme d'un disque germinatif à la surface du vitellus qui reste indivis.

• Chez les **Insectes**, on distingue deux modes principaux de segmentation :

– une segmentation totale devenant ensuite superficielle, chez les Insectes primitifs Apterygotes à œuf relativement pauvre en vitellus (hétérolécithe) : les **Collemboles** par exemple ;
– une segmentation superficielle, chez la plupart des Insectes dont les œufs sont riches en vitellus (Centrolécithes).

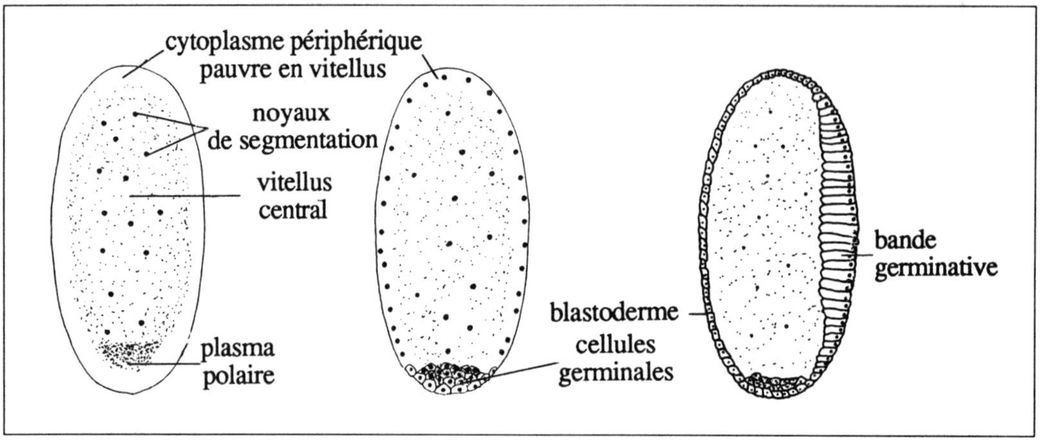

Figure 5 – Segmentation de l'œuf d'Insecte (privé de son chorion protecteur)

Les caractéristiques principales de cette segmentation sont :

– les caryocinèses sans cytodiérèses initiales ;
– le cloisonnement superficiel qui les suit et met en place le blastoderme ;
– l'isolement précoce des cellules sexuelles primordiales (lignée germinale).

On constate donc dans ce phylum une altération de la segmentation spirale entraînée par l'enrichissement de l'œuf en vitellus. Toutefois, les espèces à œufs riches en vitellus conservent une caractéristique typique du phylum qui est celle du **déterminisme précoce du devenir des blastomères**. Chaque cellule embryonnaire a de la même manière que celles répertoriées chez les Annélides une destinée précise. L'ablation d'un blastomère entraînera l'absence d'une partie de l'individu développé. La Blastula est donc constituée d'une **mosaïque de territoires déterminés**.

Ce déterminisme précoce des différentes régions du germe est donc une caractéristique commune dans l'ensemble du phylum dont elle confirme bien l'homogénéité évolutive.

➤ Le phylum des Cordés

• L'œuf des **procordés** est oligolécithe, sa segmentation est totale et sub-égale. Il peut être considéré comme l'œuf initial du phylum.

• L'œuf des Vertébrés présente une richesse plus ou moins importante qui conditionne, comme chez les Spiralia, les modalités de la segmentation.

Chez les Batraciens, l'œuf hétérolécithe subit une segmentation d'abord totale et égale qui devient ensuite inégale en raison de l'"inertie vitelline" de l'hémisphère végétatif.

Chez les Sauropsidés et les Mammifères Protothériens à œufs télolécithes (comme d'ailleurs chez de nombreux poissons), la segmentation est **superficielle et discoïdale**, la partie très riche en vitellus ne se cloisonnant pas.

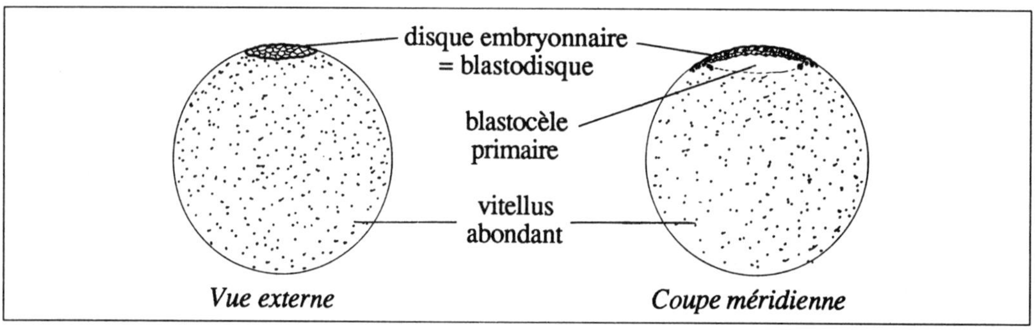

Figure 6 – Segmentation de l'œuf Télolécithe (ex. : oiseau)

Chez les Mammifères Métathériens et Euthériens, l'œuf est très pauvre en vitellus (Alécithe) ; cependant, sa vitesse de segmentation est très lente ; de plus, si la segmentation est totale, elle devient très rapidement **asynchrone**. Ces caractéristiques peu communes pour un œuf pauvre en vitellus se conçoivent bien dans une dynamique évolutive. La pauvreté en réserves de l'œuf des Mammifères est en effet interprétée comme un **état secondaire obtenu par une perte de vitellus** entraînée parallèlement à l'acquisition de la viviparité. La lenteur et l'asynchronisme des mitoses seraient un **rappel phylogénétique** du comportement en segmentation de l'œuf télolécithe des ancêtres Sauropsidés ovipares de qui descendent les Mammifères vivipares.

Ainsi donc, dans deux phylum importants du règne animal, trouve-t-on des similitudes évolutives dans l'étude comparée des segmentations.

Cette première phase du développement embryonnaire est largement conditionnée par les **qualités du cytoplasme de l'œuf** (donc de l'ovule) qui doit, par conséquent, jouer un rôle fondamental. Le partage du cytoplasme par les cloisonnements mitotiques de la segmentation aura donc des conséquences essentielles qu'il convient d'étudier.

3. Les conséquences de la segmentation

a/ La segmentation : une activité mitotique originale

Le rythme des mitoses est élevé au cours de la segmentation. Le cycle cellulaire mitotique classique est écourté ; en effet, on n'y trouve pas de phase G1, et la phase G2 est brève. Le cycle est donc réduit à sa plus simple expression sous la forme d'une phase S et d'une mitose. L'activité est essentiellement nucléaire et se solde par une colonisation du cytoplasme ovulaire primitif par les noyaux issus des mitoses successives. Comme conséquence de cette phase, on obtiendra le stade morula, dans lequel le cytoplasme hétérogène initial aura été réparti de façon inéquitable dans les blastomères. Au cours de la segmentation, en particulier chez les Batraciens, lorsque les clivages deviennent asynchrones, il y a apparition d'une phase G1 et allongement de la phase G2. **A partir de ce moment, l'information génétique embryonnaire s'exprimera** et le contenu cytoplasmique de chaque blastomère ne sera plus seulement conditionné par sa position au sein du volume initial hétérogène du cytoplasme ovulaire. De nouvelles protéines codées par l'information génétique du noyau seront en effet synthétisées.

En fait, au cours de la première partie de la segmentation (avant la transition blastuléenne), il y a essentiellement une synthèse des composants nucléaires et de plasmalemme. En effet, **le volume global de l'œuf n'a pas changé**, mais il a été divisé en **unités colonisées chacune par un noyau** et séparées des autres par une membrane cytoplasmique.

L'hétérogénéité cytoplasmique initiale va bien sûr avoir des conséquences sur le contenu de chaque blastomère.

b/ Le contenu cytoplasmique des blastomères

Si on se limite au cas des œufs à segmentation totale, en prenant pour exemple les Batraciens à œufs hétérolécithes, on conçoit que si le partage mitotique a été équivalent du point de vue nucléaire, chaque cellule recevant (du moins théoriquement) une information génétique identique obtenue par activité autocatalytique de l'ADN, il n'en est pas de même pour ce qui est du partage cytoplasmique. On retrouve en effet l'hétérogénéité de l'œuf dans la blastula. Les blastomères de l'hémisphère animal sont pauvres en vitellus, mais riches en ARN d'origine maternelle ; ceux de l'hémisphère végétatif sont riches en vitellus et relativement pauvres en ARN d'origine maternelle (on pourrait d'ailleurs s'interroger sur le fait de la prétendue "inertie vitelline" ; en effet, le peu d'activité mitotique des blastomères riches en vitellus est peut être dû à leur pauvreté en ARN nécessaires aux synthèses qu'implique une activité mitotique. C'est seulement à la transition blastuléenne, lorsqu'ils fabriquent leurs propres ARN, que leur rythme mitotique devient relativement moins lent). Il est également intéressant de s'interroger sur les éventuelles **relations intercellulaires** qui vont se développer très tôt au sein de cette ébauche de métazoaire qu'est la blaslula ; par exemple, sur le plan énergétique, on peut imaginer une complémentarité fonctionnelle des deux hémisphères : l'animal très actif reçoit vraisemblablement un apport énergétique du végétatif peu actif. Nous verrons au chapitre 4 que le "**dialogue intercellulaire**" se réalise très tôt chez l'embryon, inaugurant de ce point de vue l'état métazoaire qui se caractérisera par des cellules spécialisées échangeant des informations leur permettant d'adapter leurs activités individuelles complémentaires au fonctionnement unitaire et harmonieux de l'organisme.

Ainsi donc, la segmentation, si elle ne se solde pas encore par l'obtention de cellules spécialisées, a édifié la blastula qui contient un ensemble de **cellules aux contenus cytoplasmiques différenciés.**

II – Gastrulation et mise en place du plan d'organisation

1. De la Blastula à la Gastrula "évoluée"

a/ Définition du stade blastula

S'il est toujours facile de délimiter la fin de la période blastula par l'observation d'une ébauche de gastrulation, par contre, le moment au cours duquel l'embryon mérite ce nom ne peut être repéré par une simple observation externe. En effet, on peut dire que c'est le creusement d'une cavité (**blastocœle**) au sein du germe qui inaugurera la blastula. Chez les Amphibiens, la cavité blastuléenne se creuse dès le stade 8, c'est-à-dire bien avant la fin de la segmentation. Aussi, faut-il se garder d'avoir une vision trop schématique de la chronologie du développement embryonnaire, qui ferait succéder au stade morula, celui de blastula. Les deux étapes sont en fait "chronologiquement téléscopées", de telle sorte que la blastula s'ébauche alors que le stade morula n'est pas achevé. Pour décrire la blastula, il convient donc de la choisir à son stade le plus avancé, c'est-à-dire juste avant la gastrulation. Sur le plan fonctionnel, le blastocœle permet, en créant un **volume intérieur susceptible d'être comblé**, le déroulement de la gastrulation ; de plus, au niveau cellulaire, et en particulier dans le cas des embryons provenant d'œufs hétérolécithes, la cavité blastuléenne sépare les pôles animal et végétatif du germe dont les cellules **n'entrent plus en contact que par une zone annulaire équatoriale**, ce qui aura des conséquences essentielles dans le déterminisme de l'évolution des différents territoires embryonnaires (cf. 4).

b/ Les types de blastula

• L'anatomie de la blastula est à la fois dépendante du type d'œuf dont elle est issue et influence les modalités de la gastrulation (cf. figure 4, 5, 6).

• Les œufs pauvres en vitellus (ex. : oursin) donnent une blastula à cavité sphérique régulière (**cœloblastule régulière**). Avec l'œuf hétérolécithe, la cavité perd un tant soit peu sa forme sphérique et se décale vers le pôle animal (**cœloblastule irrégulière**) dans le cas des spiralia. Le blastocœle peut même devenir quasiment virtuel (**fente blastuléenne**) chez l'Annélide Néréis par exemple (**sterroblastule**).

• Les œufs très riches en vitellus ont subi une segmentation partielle qui retentit sur l'aspect de la blastula.

La blastula des œufs télolécithes à segmentation discoïdale (ex. : Sauropsidés) est une **discoblastule.**

La blastula des œufs centrolécithes à segmentation superficielle est une **périblastule** dont le blastocœle est virtuel, et à la limite représenté par la masse vitelline centrale insegmentée, entourée par les blastomères.

Quel que soit en fait le type de blastula, ce stade embryonnaire peut être considéré comme formé d'un feuillet cellulaire entourant une cavité centrale et peut être qualifié à ce titre de **monoblastique**.

c/ Le plan d'organisation en fin de gastrulation

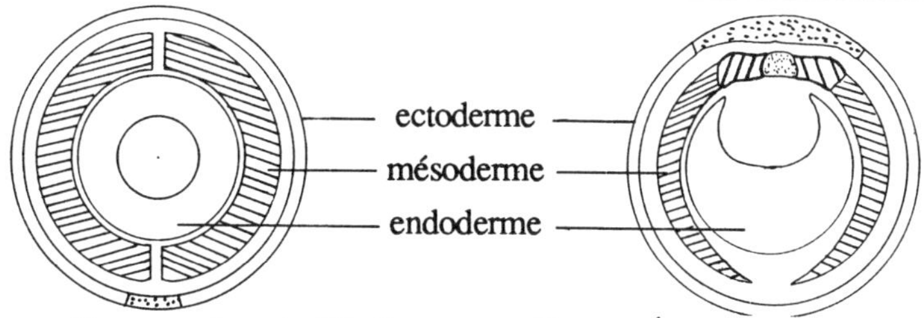

Chez un Hyponeurien : la Néréis
(coupe transversale)

Chez un Épineurien : la Grenouille
(coupe transversale)

Figure 7 – Plan d'organisation en fin de gastrulation

Pour dégager les conséquences de la gastrulation, il suffit d'observer une coupe transversale de gastrula évoluée, par exemple chez la Néréis et chez un Batracien et de les comparer à la même coupe faite au stade blastula.

La gastrula âgée se montre alors schématiquement constituée de trois feuillets cellulaires :

– un feuillet externe (**ectoblaste**) et un feuillet interne (**endoblaste**) aux cellules en contact avec le milieu extérieur par l'une de leurs faces ;
– un "feuillet" moyen (**mésoblaste**) coincé en "sandwich" entre les deux précédents, et formé de cellules totalement isolées du milieu extérieur et baignant de ce fait dans une ébauche de milieu intérieur remplissant ce qui reste de la cavité blastuléenne.

La gastrula âgée a donc le plan d'organisation **triblastique** (trois feuillets embryonnaires). La gastrulation a donc pour fonction de conduire d'un embryon monoblastique (la blastula) à un germe triblastique. On peut remarquer que le creusement du blastocœle a en fait fourni un volume interne, isolé de l'extérieur, et de ce fait, la gastrulation a pour résultat une colonisation de cette ébauche de "**milieu intérieur**" par le troisième feuillet (mésoblaste) embryonnaire, tandis qu'elle augmente par la mise en place du second feuillet (endoblaste) les possibilités d'échanges entre milieu intérieur et milieu extérieur. La gastrulation est donc essentiellement une étape d'évolution géométrique qui, disposant les cellules de façon précise dans le "puzzle du métazoaire" conditionne leurs évolutions et par-là même leurs fonctions futures. Par exemple, la polarisation future des cellules de l'épithélium intestinal est déjà ébauchée, puisque celles-ci ont désormais une face au contact de la lumière de l'archentéron (tube digestif embryonnaire formé par l'endoblaste) et l'autre avec l'ébauche du milieu intérieur.

Pour comprendre la gastrulation, il est nécessaire de repérer topographiquement les territoires cellulaires, afin de suivre les mouvements dans lesquels ils sont entraînés au cours du phénomène.

2. Les territoires présomptifs

a/ La technique des marques colorées

Mise au point par VOGT en 1925, elle consiste à marquer par des colorants vitaux des zones cellulaires repérées sur la blastula âgée. Sur des œufs dégangués, immobilisés dans une cupule de paraffine, et baignant dans du liquide physiologique, on applique des petits blocs d'agar-agar imprégnés de colorants vitaux (rouge neutre – sulfate de Bleu de Nil). Ces applications locales laissent à la surface du germe des taches peu diffusives dont on pourra suivre les déplacements et que l'on retrouvera en fin de développement au niveau de tel ou tel organe. Cette technique ingénieuse a démontré que tous les futurs tissus et organes sont déjà représentés par des plages cellulaires précises formant une mosaïque. La gastrulation va donc faire passer ces **territoires dits présomptifs** d'une disposition "plane" (dans le plan du seul feuillet de la blastula) à une disposition en volumes emboîtés, grâce aux mouvements gastruléens.

b/ Les résultats

L'observation externe (figure 8) de la gastrulation se traduit par la mise en évidence d'une encoche en arc (**encoche blastoporale**), à cheval sur le plan sagittal au niveau de l'ancien croissant gris. Les bords de l'encoche progressent latéralement et dessinent alors **la lèvre dorsale du blastopore** ; celle-ci se prolongera par les **lèvres latérales** qui forment une sorte d'anse de panier, se refermant ventralement en cercle (le **blastopore**) par la formation de la **lèvre ventrale**.

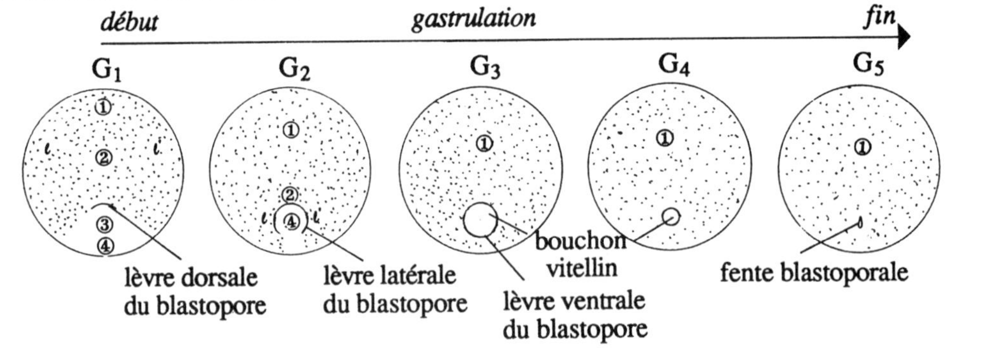

Figure 8 – La gastrulation chez la Grenouille (vue externe dorsale)

En l'absence de toute marque colorée, les lèvres blastoporales apparaissent déjà comme une sorte de frontière encerclant petit à petit les cellules de l'hémisphère végétatif (peu pigmentées) qui semblent pénétrer à l'intérieur du germe, recouvertes par les cellules foncées de l'hémisphère animal. A la fin, l'hémisphère végétatif est limité à un bouchon clair, dépassant du germe et circonscrit par le blastopore (**bouchon vitellin**).

Grâce aux marques colorées, on peut délimiter sur la jeune gastrula les **territoires présomptifs** (figure 9) des différents feuillets embryonnaires et suivre de l'extérieur leur devenir au cours de la gastrulation, ce qui confirmera notre interprétation précédente.

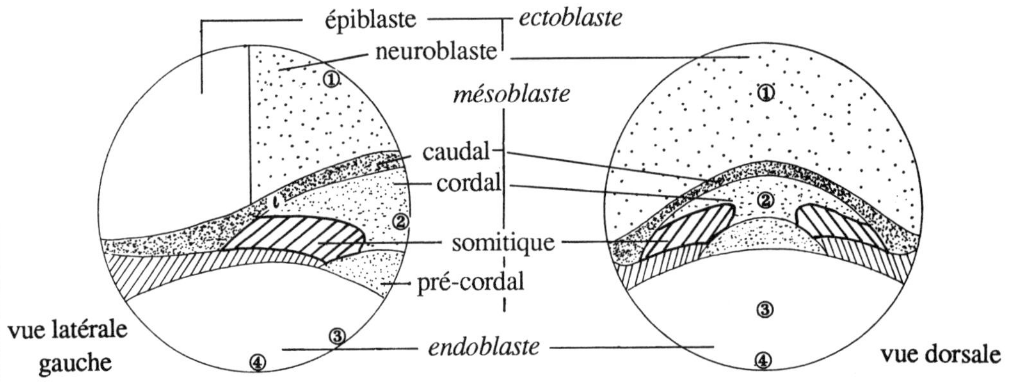

Figure 9 – Les territoires présomptifs de la jeune gastrula d'Amphibien (grenouille)

On note en effet, grâce à la technique de VOGT, l'élongation du territoire présomptif **neuroblastique** (1), la migration des territoires **mésoblastiques** (marques – 2, – l, l') vers les lèvres dorsales et latérales du blastopore, et enfin celle du territoire **endoblastique** qui bascule vers la lèvre dorsale (marque 3).

Grâce à ces observations, auxquelles on peut ajouter celles de la microcinématographie accélérée, on peut désormais résumer la gastrulation à un ensemble de mouvements faisant passer les territoires mésoblastiques et endoblastiques à l'intérieur du germe.

3. Les mouvements de la gastrulation

a/ Chez les batraciens (figure 10)

➤ Les mouvements visibles de l'extérieur

Chronologiquement, l'**embolie** (sorte d'invagination d'abord locale de l'endoblaste) crée la lèvre dorsale du blastopore et installe une **ébauche archentérique**. L'endoblaste qui s'invagine "entraîne" dorsalement le mésoblaste axial (**précordal**, puis **cordal**) qui, à la manière d'un tapis roulant (**involution**), pénètre dans l'embryon, formant le toit de l'**archentéron**. Cette involution gagne les territoires mésoblastiques latéraux (**somitique et des lames latérales**) qui **s'enroulent** autour des lèvres latérales du blastopore après avoir **convergé** vers elles. Pendant ces involutions, le neuroblaste, entraîné dans le plan axial vers la lèvre dorsale du blastopore par l'invagination du mésoblaste cordal subit une **élongation**. Enfin, la lèvre ventrale apparaît, permettant à l'embolie endoblastique (bouchon vitellin), et à l'involution mésoblastique de s'achever.

➤ Les mouvements internes

Tandis qu'à l'intérieur, le mésoblaste dorsal reste dans le plan axial, poursuivant son mouvement d'involution, le **mésoblaste latéral diverge** de chaque côté du plan sagittal, mettant en place les **lames latérales** (gauches et droites) qui s'enfoncent comme un coin entre ectoblaste et endoblaste, après s'être séparées par **clivage** des territoires endoblastiques. Ce clivage interne important désolidarise les feuillets mésoblastiques et endoblastiques dont les mouvements ne seront plus dès lors liés de façon stricte. Ces décollements affecteront d'ailleurs plus tard après la gastrulation d'autres territoires, donnant à chaque partie son autonomie (isolement de la corde, séparation neuroblaste-épiblaste, séparation somites lames latérales...). **Tout se passe comme si, progressivement, les cellules, faisant à l'origine partie d'une masse unique, s'isolaient en massifs par affinités**, c'est ainsi que se mettront en place organes et tissus.

Au cours de la majeure partie de la gastrulation, les feuillets subissent donc un mouvement d'ensemble unique en raison de la solidarité mécanique entretenue entre toutes les cellules ; celui-ci peut être décomposé en mouvements locaux affectant les territoires présomptifs, il s'agit de (figure 10) :

- l'embolie de l'endoblaste
- l'involution du mésoblaste
- l'élongation ou épibolie du neuroblaste et à un moindre degré de l'épiblaste
- la convergence externe du mésoblaste latéral et des somites
- la divergence interne du mésoblaste latéral et des somites.

Enfin, les clivages donneront aux feuillets leur **autonomie cinétique**.

La gastrulation, chez les batraciens, n'a pas modifié la surface externe, ni le volume de l'embryon ; pourtant, elle a mis en place une seconde cavité à l'intérieur du germe (l'Archentéron) ouverte par une fente blastoporale qui se refermera et au niveau de laquelle, plus tard la membrane cloacale se perforera pour donner l'anus.

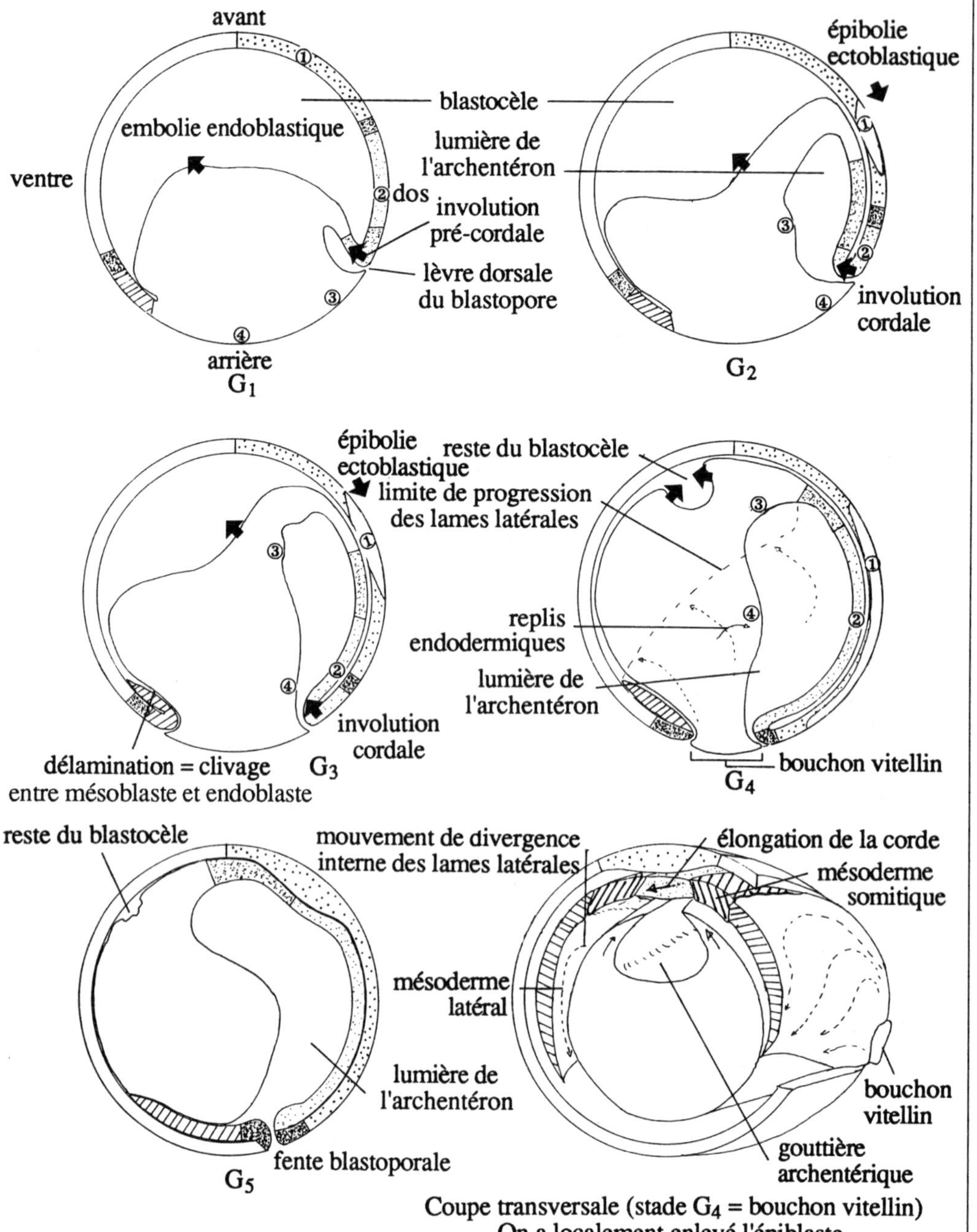

N.B. : les repères dans le temps (G_1, …, G_5) correspondent à ceux de la figure 8.

Figure 10 – La gastrulation chez la Grenouille
(de G_1 à G_5 en coupe sagittale et en vue latérale gauche)

b/ Chez les Spiralia

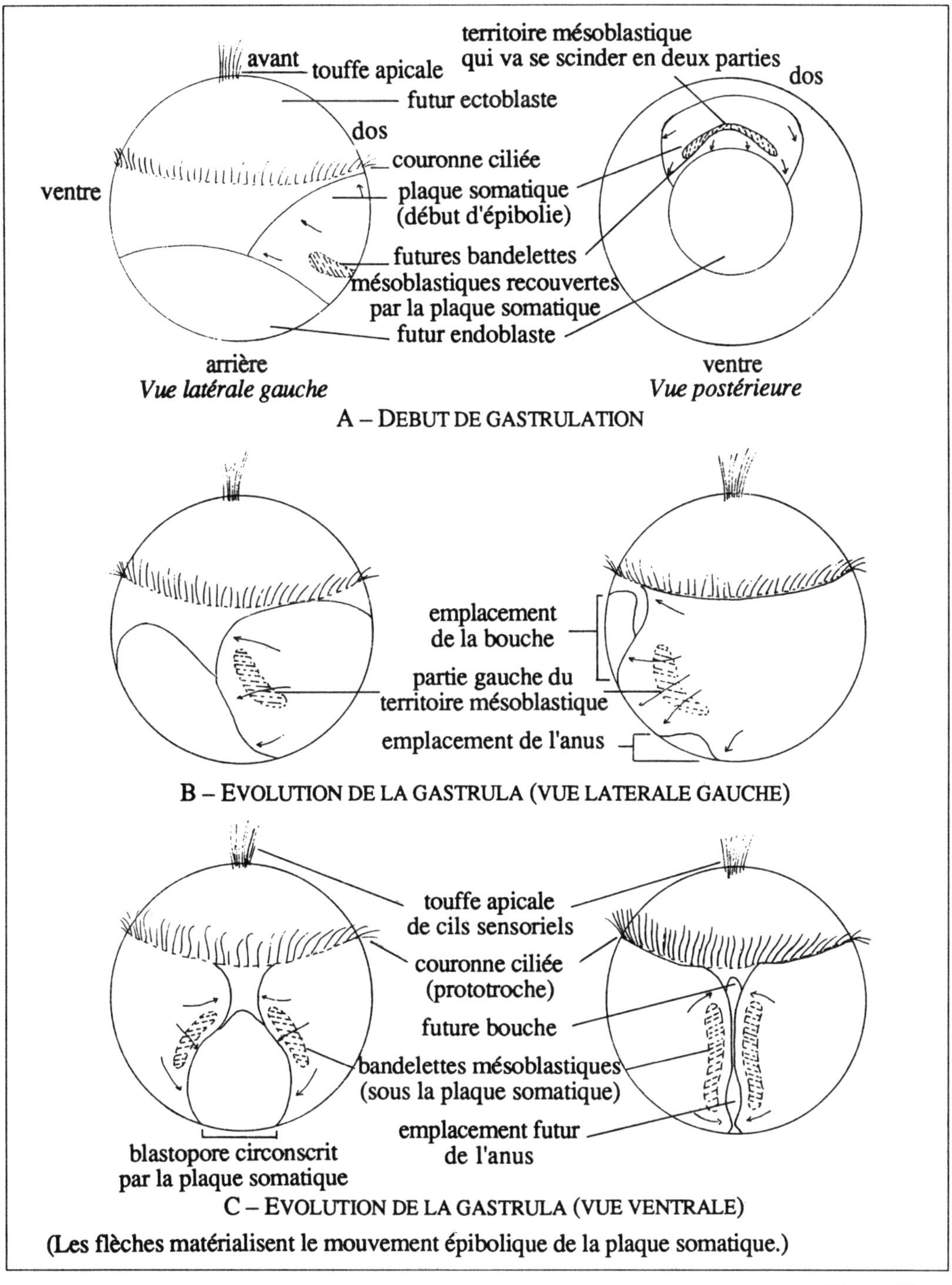

Figure 11

Le problème de la gastrulation se pose dans ce phylum en termes différents, car la richesse des œufs en vitellus est incompatible avec le développement d'une cavité blastocœlienne importante, celle-ci est en effet au mieux réduite dans la sterroblastule à une fente plus ou moins virtuelle. Le cas de la Néréis à œufs hétérolécithes peut être pris comme exemple type.

La blastula de Néréis est formée d'une mosaïque de **territoires déterminés** (et non seulement présomptifs) (cf. 4), toute ablation d'une région du germe se soldera par l'absence d'une structure organique chez la larve. Ces régions déterminées, d'abord essentiellement superficielles, vont progressivement prendre leur place dans le volume de l'embryon, le faisant évoluer de l'état monoblastique à l'état triblastique (figure 11).

En raison de l'absence d'un véritable blastocœle, l'embolie n'est pas réalisable, et la gastrulation se déroule par **épibolie** ou **recouvrement**.

Ce sont les cellules descendantes du blastomère 2d qui forment la **plaque somatique** dont le développement représente l'essentiel des mouvements de gastrulation. Cette plaque va par épibolie recouvrir précocement les blastomères descendants du 4d qui donneront les initiales génitales et celles du mésoderme (**bandelettes mésodermiques**) ; ensuite, sa progression englobera le territoire endodermique, repoussant vers l'avant les blastomères issus du 2ème quartette qui évolueront en ectoderme péribuccal.

L'ectoderme du stade trochophore, issu de la gastrulation, sera donc constitué dans sa majeure partie des cellules de la plaque somatique qui auront complètement recouvert l'endoblaste, tandis que les initiales (bandelettes) mésoblastiques se seront trouvées "coincées" entre cette plaque qui les recouvre et la masse des macromères qui constituent la majorité du futur endoderme. Le plan triblastique aura donc été réalisé par une simple épibolie ou recouvrement.

La bouche et l'anus embryonnaires dériveront de l'orifice circulaire délimité par les bords de la plaque somatique et formant le blastopore. Chez les Spiralia, la bouche provient donc directement du blastopore, ils sont dits pour cette raison des **protérostomiens = protostomiens**. Chez les vertébrés (ex. : Amphibiens), la bouche n'est pas directement issue du blastopore, elle apparaît comme une perforation secondaire, ce qui en fait des **Deutérostomiens**.

On découvre donc que la richesse en vitellus de l'œuf conditionne la structure blastuléenne dont dépend bien sûr le mode de gastrulation. L'évolution des discoblastules mérite aussi d'être évoquée.

c/ Gastrulation des embryons issus des œufs centrolécithes et télolécithes

➤ Cas de l'œuf centrolécithe (figure 12)

Chez l'insecte, c'est par une gouttière longitudinale dite *gastrale*, que se réalise la mise en place d'une lame cellulaire interne (**l'entomésoblaste**) qui s'étalera sous l'ectoderme et se différenciera ensuite en endoderme et mésoderme. L'invagination gastrale est bien sûr limitée par l'absence de blastocœle, elle entraîne en fait un soulèvement de l'embryon au-dessus du vitellus. Aux deux extrémités de l'invagination qui forme une sorte de blastopore en fente allongée, se différencieront bouche et anus (les Insectes sont des Protostomiens). De plus, l'embryon ainsi soulevé est enveloppé par l'"**amnios**" et la "**séreuse**" issus des replis amniotiques développés au cours de la gastrulation.

➤ L'œuf télolécithe, ex. : les Sauropsidés (figure 13)

Pour retrouver des phénomènes homologues avec ceux décrits chez les Amphibiens, il faut admettre que la gastrulation ne débute qu'avec un stade dit blastula secondaire dans lequel l'ensemble des territoires présomptifs est en place : l'**ectophylle** contenant les cellules qui donneront ectoderme et mésoderme ; l'**entophylle**, celles qui évolueront en endoderme. L'embryon de ce stade est comparable à une blastula d'Amphibiens, dont les cellules endoblastiques réduites auraient perdu les réserves, et qui serait aplatie à la surface d'une énorme masse vitelline située à l'extérieur des blastomères.

Un tel germe écrasé possède un **blastocœle secondaire** plus ou moins virtuel, en fente, mais qui n'en laissera pas moins s'installer le troisième feuillet suivant des modalités tout à fait comparables à la gastrulation des Amphibiens, comme le démontrent des expériences de marquage faites sur le blastodisque.

De façon schématique, si on fait abstraction de l'embolie de l'endoblaste qui bien sûr ne se réalise pas chez les Sauropsidés, la gastrulation se déroule grâce aux mêmes mouvements que ceux décrits chez les Amphibiens et, ce, au niveau de régions homologues. **Le nœud de Hensen** des Sauropsidés, homologue de la lèvre dorsale du blastopore des Amphibiens, est le lieu d'involution de la corde. **La ligne primitive**, dont les bords sont homologues des lèvres latérales du blastopore des Amphibiens, voit converger vers elle le mésoblaste latéral et somitique ; elle est le lieu de son involution.

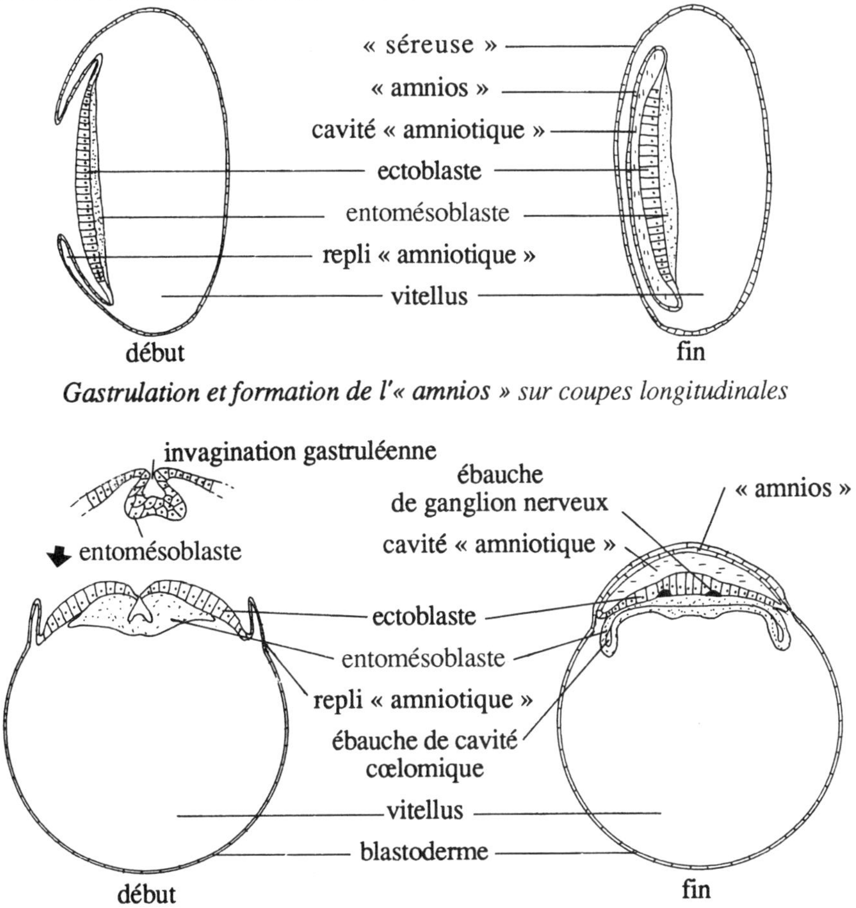

Gastrulation et formation de l'« amnios » sur coupes longitudinales

Gastrulation et formation de l'« amnios » sur coupes transversales

Figure 12 – Gastrulation de l'œuf centrolécithe d'Insecte

Ce type de gastrulation se retrouvera même chez les Mammifères dont l'œuf est appauvri en réserves. La communauté des phénomènes de gastrulation dans l'ensemble du phylum des Cordés souligne les affinités évolutives des différentes classes de cette importante branche évolutive du règne animal.

La gastrulation est donc une étape fondamentale du développement embryonnaire, elle rappelle les premières phases évolutives des métazoaires, dont les surfaces d'échange avec le milieu extérieur (ectoderme – endoderme) se sont mises en place, prenant "en sandwich" entre elles un compartiment original représenté par le troisième feuillet baignant dans l'ébauche d'un milieu intérieur. On peut remarquer au passage que chez les **Diblastiques** la gastrulation s'arrête à la mise en place du deuxième feuillet. Chez ces animaux, une question reste posée : quelle est la signification de la **mésoglée** et des cellules qu'elle contient ? En effet, si celles-ci ne sont pas à proprement parler organisées en un véritable feuillet, elles n'en sont pas moins dans un compartiment isolé de l'extérieur qui pourrait déjà s'interpréter comme une ébauche de milieu intérieur. Dans cette optique, c'est ce compartiment original qui définirait l'état primitif de métazoaire et l'opposerait aux colonies de protozoaires (pouvant comporter des cellules spécialisées d'ailleurs) "sortes de morulas, ou de blastulas". C'est en effet la "colonisation" du blastocœle par le troisième feuillet qui inaugure réellement **la vie cellulaire en milieu intérieur**.

La gastrulation apparaît donc comme l'enchaînement de mouvements programmés de façon précise. Quelle est au niveau cellulaire la cause de ces mouvements, comment se déroulent-ils de façon harmonieuse et coordonnée dans les différentes régions du germe ?

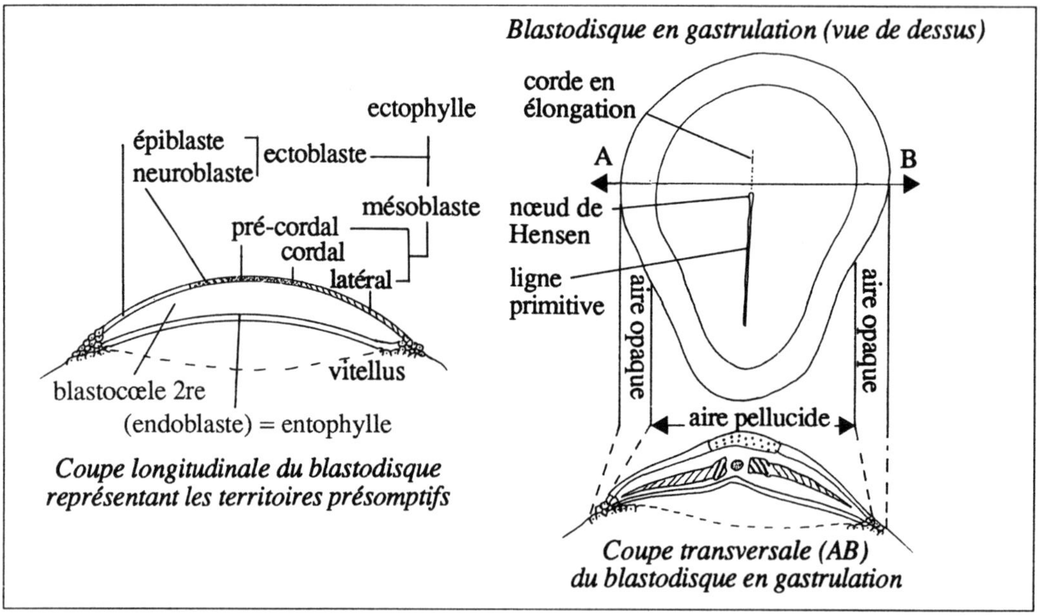

Figure 13 – La gastrulation de l'œuf télolécithe d'oiseau

4. La gastrulation au niveau cellulaire

a/ Caractéristiques générales

Le mouvement est une manifestation primordiale de la vie et s'observe dès le stade unicellulaire. Les études cytologiques récentes ont amélioré notre connaissance du **cytosquelette**, véritable charpente intracellulaire à géométrie variable. Les mouvements morphogénétiques du développement embryonnaire, et en particulier ceux de la gastrulation, sollicitent largement ce cytosquelette, et plus précisément sa composante mécaniquement active (**cytomotosquelette**). En fait, les déformations cellulaires observées au cours de la gastrulation n'ont semble-t-il rien de bien original, et mettent en jeu les mécanismes fondamentaux de la **motricité cellulaire**, déjà opérationnels chez les protozoaires (Amibes par exemple).

L'originalité ne réside donc pas au niveau intracellulaire, mais plutôt dans les relations intercellulaires qui coordonnent les mouvements de chaque cellule, permettant le déroulement harmonieux de l'installation des feuillets. Ceci explique alors l'importance de la **matrice intercellulaire**, lien mécanique et espace de transmission d'éventuels messages. La gastrulation correspond à un début de conquête d'indépendance, d'abord cinétique des différents territoires sans laquelle la spécialisation des organes et des tissus ne pourrait jamais s'installer. Elle consiste donc à **isoler des ensembles cellulaires** (feuillets) et à les placer les uns par rapport aux autres dans une configuration précise. Ceci implique que **certaines cellules restent groupées par affinité**, alors que d'autres, aux limites des territoires présomptifs, acquièrent par **rupture de leurs liens mécaniques** une autonomie d'abord cinétique, et ensuite plus tard de différenciation. La gastrulation correspond donc à un rangement précis des cellules qui augmente considérablement le degré d'organisation de l'embryon.

Enfin, l'augmentation des surfaces cellulaires découlant de la gastrulation est bien entendu d'abord due à un accroissement du nombre des cellules, c'est-à-dire à une activité mitotique affectant l'ensemble des territoires subissant élongation et divergence.

Au niveau cellulaire, la gastrulation peut donc se résumer à une importante activité mitotique coordonnée, augmentant la surface de la plupart des territoires présomptifs dont les cellules se déplacent par des mouvements harmonieux vers le lieu précis qu'elles auront en fin de gastrulation, la surface externe de l'embryon restant constante.

On peut donc penser que la gastrula est déjà un métazoaire, dans la mesure où les cellules n'ont ni mitoses ni mouvements anarchiques, mais sont déjà intégrées par l'action de liens et de messages intercellulaires en un ensemble harmonieux. Il convient alors de rechercher les mécanismes coordinateurs qui règlent la chorégraphie du ballet cellulaire que constitue la gastrulation.

b/ L'intégration des cellules dans la gastrula

Schématiquement, on peut dire que les cellules sont intégrées à un feuillet sur les plans mécanique et physiologique.

➤ Intégration mécanique et "sociale"

Elle apparaît réalisée par les jonctions mécaniques classiques que sont les **desmosomes**, mais aussi par des molécules particulières du glycocalix : les molécules d'adhésion cellulaire (**CAM : cell adherens molecules**). C'est la présence de ces molécules qui permet de comprendre "in vitro" la réassociation spontanée en agrégats de cellules des différents feuillets préalablement éparpillées dans un liquide physiologique (figure 14). Ces CAM actuellement étudiées activement sont responsables de l'intégration mécanique des cellules en feuillets, puis en tissus et en organes. La reconnaissance de l'appartenance à tel ou tel feuillet existe déjà pour les cellules de diblastiques où des expériences d'éparpillement cellulaire conduisent à des réassociations harmonieuses in vitro avec l'Hydre en particulier.

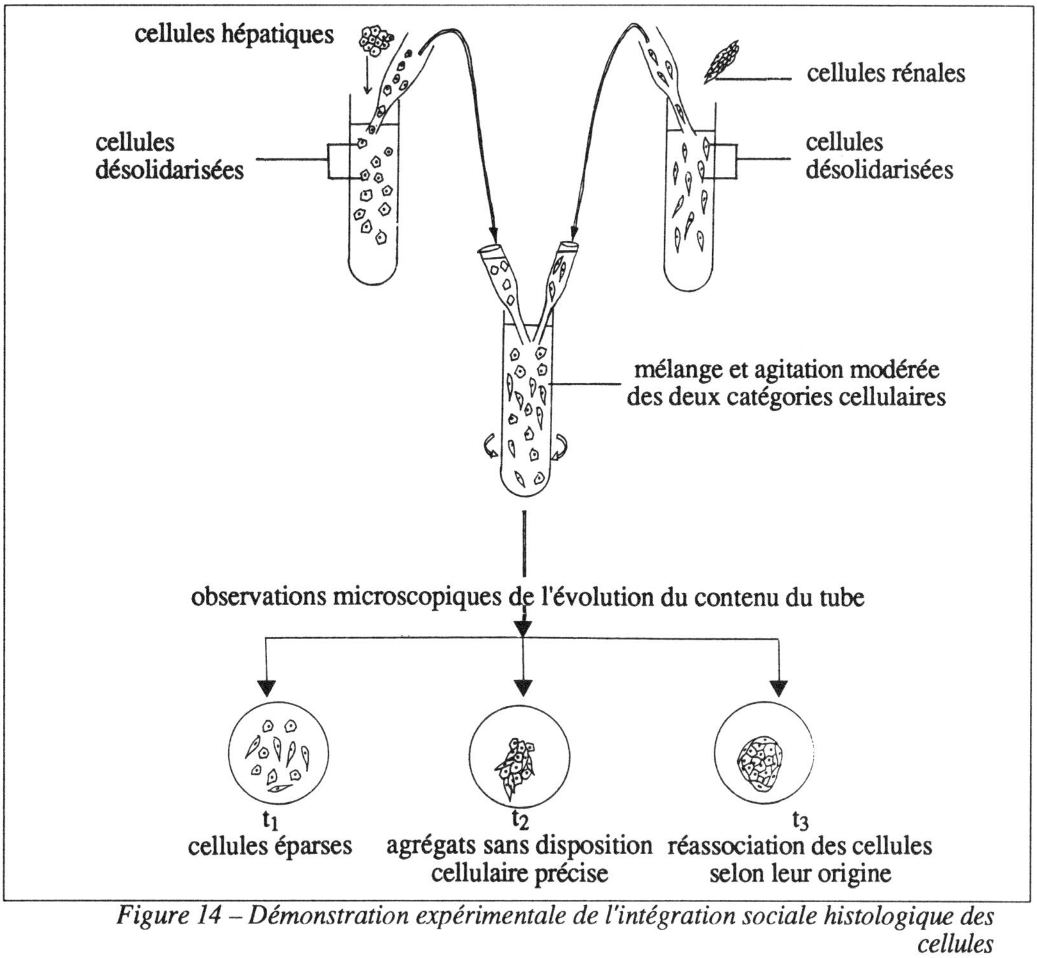

Figure 14 – Démonstration expérimentale de l'intégration sociale histologique des cellules

Les CAM sont des **glycoprotéines** du glycocalix, leur forme spécifique responsable des agglutinations cellulaires, sorte de carte d'identité attestant de l'appartenance à un "club" peut se modifier au cours du temps. La **glycosylation réticulaire et golgienne**, associée au flux membranaire intracellulaire, renouvelle de façon incessante le plasmalemme et donc ses marqueurs de surface, ce qui peut expliquer que des cellules initialement solidaires se séparent ou encore que des feuillets séparés à l'origine s'accolent, selon l'évolution de leur CAM. L'accolement au niveau du stomodeum des feuillets endoblastiques et ectoblastiques, chez les vertébrés, illustre bien la fonction des CAM ; en effet, les deux lames cellulaires possèdent à ce moment les mêmes CAM. Les clivages qui se réalisent au cours de la gastrulation matérialisent les changements de CAM au niveau des cellules qui se séparent.

➤ Intégration physiologique

La microscopie électronique a mis en évidence dans les cellules épithéliales l'existence de communications intercellulaires dites **jonctions lacunaires** ou "**gap junctions**", susceptibles de laisser passer des ions, des petites molécules, et donc des informations qui pourraient éventuellement être importantes dans le contrôle du rythme relatif des mitoses, et de l'ensemble des activités des cellules. Bien que chez l'embryon, les fonctions précises de ces jonctions ne soient pas vraiment élucidées, on remarque que la plus grande richesse de l'embryon en celles-ci, à partir du stade gastrula, semble témoigner d'un accroissement des relations intercellulaires, car à partir de ce moment des mécanismes coordinateurs plus complexes s'imposent.

Dès le stade embryonnaire, les cellules sécrètent des glycoprotéines formant un ciment intercellulaire, véritable lieu de diffusion des molécules, qui pourrait déjà ébaucher un moyen de communication chimique à distance entre les cellules. L'étude ultérieure de l'induction illustrera ce fait.

Les cellules de la gastrula n'ont donc pas comme un protozoaire leur indépendance, elles sont attachées entre elles par l'intermédiaire de la matrice intercellulaire, et, ce, de façon spécifique grâce à leurs CAM ; l'activité de leur matériel génétique est déjà sous le contrôle de messages intercellulaires.

c/ Les mouvements des cellules lors de la gastrulation

➤ Les mécanismes

Ces mouvements sollicitent l'activité du cytomotosquelette formé essentiellement **d'actine**, de **myosine** et de **microtubules labiles**. La plupart des mouvements sont dus à des sortes de "reptations" cellulaires comparables aux mouvements amœbiens.

Par exemple, les cellules de l'encoche blastoporale subissent des alternances d'élongation et de contractions les faisant pénétrer dans le blastocœle (figure 15). L'activité de ces cellules se résume en trois points : ancrage, contraction, élongation.

Les mouvements sont aussi pour partie dus aux dysharmonies dans le rythme des mitoses qui affectent les différentes régions embryonnaires, entraînant l'augmentation de surface de certains feuillets (cf. épibolie), ainsi qu'à des contractions asymétriques des faces des cellules (qui, par ailleurs, joueront aussi un rôle au cours de la neurulation).

➤ Le guidage des mouvements

Dans l'espace intercellulaire qui s'ébauche chez l'embryon, on a découvert dans les années 70 la présence, outre du **collagène** et des **glycosylaminoglycanes**, des glycoprotéines particulières, les **fibronectines**, formées de deux sous-unités reliées par des ponts disulfures. Ces molécules possèdent des sites tétrapeptidiques de liaison avec le plasmalemme au niveau de protéines transmembranaires, elles-mêmes solidarisées aux microfilaments d'actine. Ancrées sur la trame de collagène, ces molécules assurent un lien mécanique labile du cytomotosquelette avec le ciment intercellulaire ; elles vont agir comme des crampons donnant aux cellules en mouvement une prise sur le substrat. Dans la gastrulation, le rôle des fibronectines est bien démontré, dans la mesure où tapissant le toit du Blastocœle, chez les Batraciens, elles assurent l'involution du territoire mésoblastique qui s'enroule autour de la lèvre dorsale du blastopore, et glisse sur ces molécules (figure 16, 17) qui jouent un rôle "analogue aux billes d'un roulement".

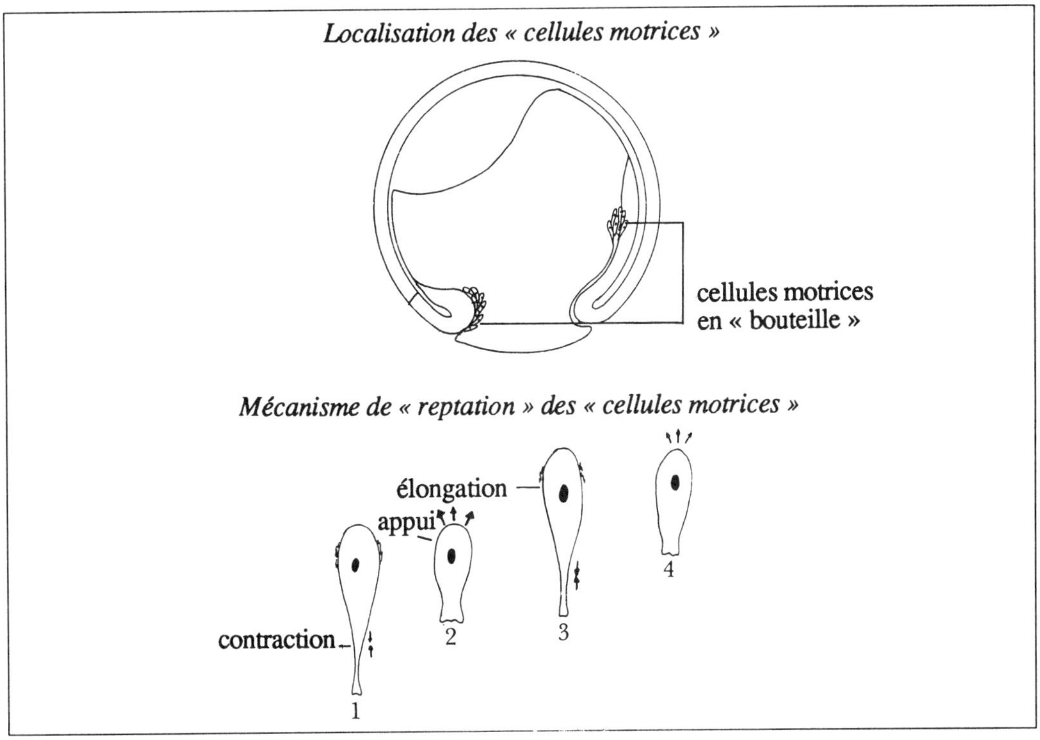

Figure 15 – Cellules « motrices en bouteille » et gastrulation

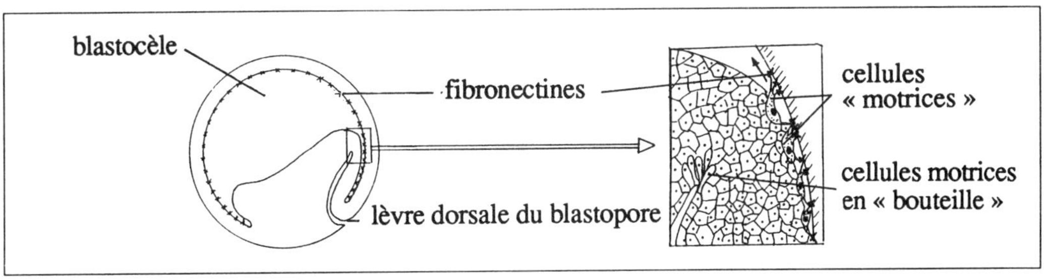

Figure 16 – Guidage de la gastrulation par les fibronectines

On a aussi démontré que, paradoxalement, l'accroissement du taux de récepteurs aux fibronectines pouvait bloquer la migration cellulaire (figure 17), par un ancrage multiple associé à des remaniements cytosquelettiques. Ces glycoprotéines traceraient donc les chemins des principales migrations cellulaires, en même temps qu'elles contrôleraient l'intensité des mouvements.

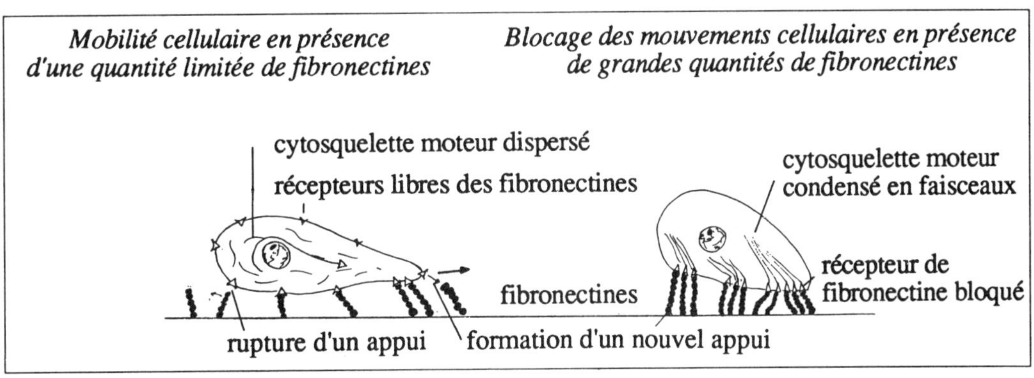

Figure 17 – Le rôle des fibronectines
dans le contrôle des mouvements de gastrulation chez les Amphibiens

Par contre, elles ne semblent effectuer aucun contrôle sur l'activité mitotique comme le prouve l'expérience consistant à les neutraliser par des anticorps (figure 18). Le blocage de la gastrulation se traduit en effet par un plissottement du toit du blastocœle qui témoigne de l'activité mitotique de ce territoire dont la surface augmente sans qu'il pénètre dans le blastocœle.

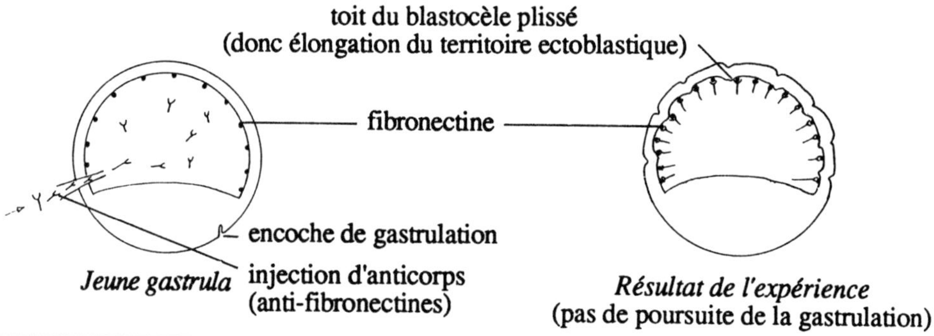

Figure 18 – Démonstration du rôle des fibronectines par blocage de celles-ci par des anticorps

Les mouvements gastruléens sont donc le fait de processus cellulaires complexes sollicitant largement déjà **l'expression génétique différenciée des cellules des territoires** présomptifs. Ce sont en effet les cellules qui élaborent les composants de l'espace intercellulaire constamment renouvelés, ainsi que les molécules constitutives de leur cytosquelette et de leur glycocalix, toutes ces "sécrétions" étant **modulées par l'activité du matériel génétique contrôlé par les messages intercellulaires**.

La gastrulation est donc le résultat d'un ensemble de mouvements morphogénétiques synchronisés, mettant en jeu les molécules essentielles (CAM, fibronectines) de l'espace intercellulaire, que l'on retrouvera impliquées dans les autres phénomènes cinétiques du développement embryonnaire.

III – Morphogénèse et organogenèse ultérieures

En fin de gastrulation, l'aspect extérieur de l'embryon n'est guère modifié ; dans la plupart des cas, il conserve la forme sphérique initiale de l'œuf d'origine. Bien qu'on qualifie parfois de morphogénétiques les mouvements de la gastrulation, il faut bien convenir que la forme de la future larve (ou du jeune) ainsi que la mise en place des organes ne vont réellement se réaliser qu'à la suite de cette étape. Ce n'est qu'à partir du plan triblastique qu'une véritable organogenèse se réalisera. Pour dégager les caractéristiques de ces évolutions finales du développement embryonnaire, il convient de les observer dans deux phylums, à savoir chez les Spiralia et les Cordés.

1. L'acquisition du cœlome chez la Néréis

Alors que chez les Annélides peu évoluées (**Archiannélides**), l'éclosion se fait immédiatement à la suite de la gastrulation, libérant une larve **trochophore** au stade triblastique acœlomate, chez la Néréis le stade trochophore est embryonnaire ; la morphogenèse et l'organogenèse se poursuivent donc dans les enveloppes de l'œuf.

a/ Le stade trochophore (figure 19)

Le stade trochophore, résultant de la gastrulation et d'une ébauche de différenciation ectodermique (touffe apicale, couronnes ciliées...) présente un plan d'organisation de type triblastique acœlomate. La présence des protonéphridies, et pendant un temps bref l'absence d'anus (non ouvert) rappellent l'organisation des triblastiques acœlomates (Turbellariés par exemple), illustrant le fait que l'ontogenèse retrace la phylogenèse. Ce stade possède donc un intestin embryonnaire (archentéron) baignant dans une cavité générale blastocœlienne, le mésoderme y est limité aux **bandelettes postéroventrales pleines**. Chez les Archiannélides, ce stade est libre et planctonique grâce aux couronnes ciliées sustentatrices (prototroche – métatroche – couronne péri-anale). La plaque syncypitale munie d'une touffe de cils sensibles représente l'organe sensoriel de la larve, les centres nerveux sont réduits à un ganglion et quelques cordons associés à l'ectoderme. Sur le plan morphologique, comme chez les Triblastiques acœlomates, il est difficile de distinguer une région céphalique.

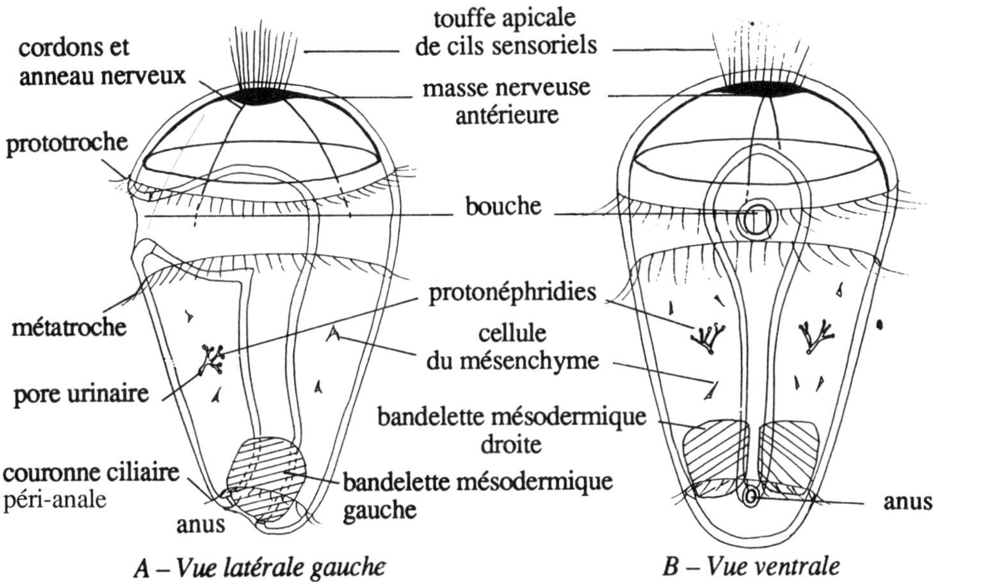

Figure 19 – Le stade trochophore chez la Néréis

b/ La schizocœlie (figure 20)

Dans la partie postérieure des bandelettes mésoblastiques, juste en avant de l'anus, une zone se voit affectée par une activité mitotique intense, les divisions étant orientées de telle sorte que les nouvelles cellules engendrées sont repoussées parallèlement au plan sagittal vers l'avant, ce qui entraîne une élongation des territoires mésoblastiques, qui se segmentent progressivement. Les nouveaux tronçons repoussent vers l'avant, les plus anciens qui se creusent d'une cavité (**le cœlome**). A ce phénomène de "tronçonnage" du mésoblaste en segments qui se creusent, on donne le nom de **schizocœlie**. Le corps de l'embryon est ainsi débité en une série d'unités anatomiques creusées chacune de deux sacs cœlomiques, ce sont les **métamères**.

c/ Les conséquences de l'évolution mésoblastique

On obtient par la schizocœlie une croissance antéropostérieure importante qui nous conduit au stade **métatrochophore** (stade métamérisé) auquel se fera l'éclosion et donc la libération de la larve du même nom. Cette larve présentera deux extrémités sans cavités cœlomiques qui échappent pour cette raison au nom de métamère : ce sont le **prostomium** en avant de la bouche, au niveau duquel se différencient les organes sensoriels, et le **pygidium** qui porte l'anus. La réalisation de l'état cœlomate va être responsable d'une organogenèse importante se soldant en particulier par l'élaboration d'un appareil circulatoire assurant une fonction de transport entre les **cellules "profondes"** de la larve et les **surfaces d'échanges** (digestives – excrétrices – respiratoires). Sur le plan morphogénétique, la tête s'individualisera, tandis que les centres nerveux se détacheront du feuillet ectodermique.

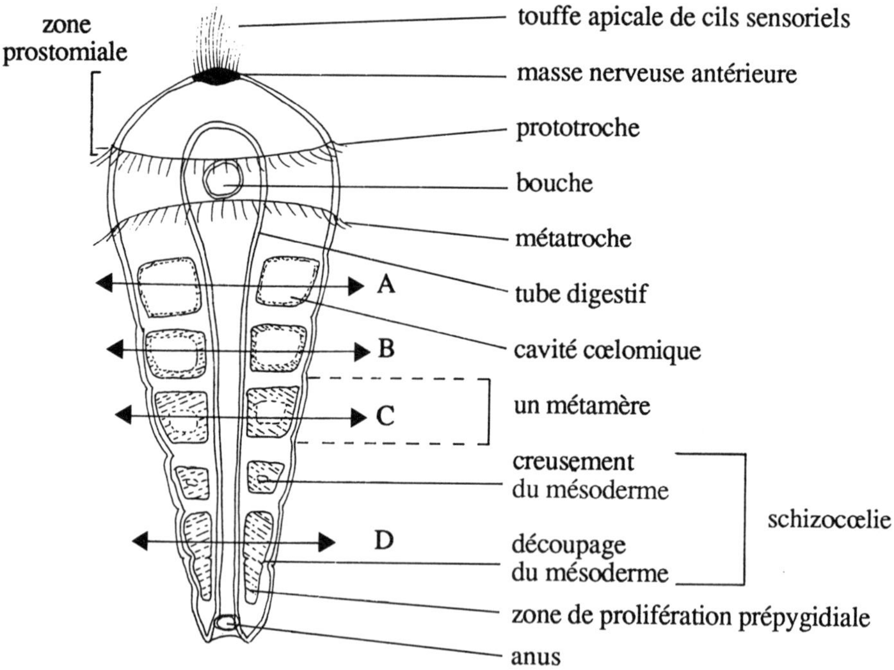

1 – Stade métatrochophore (vue ventrale, l'anatomie est observée par transparence)

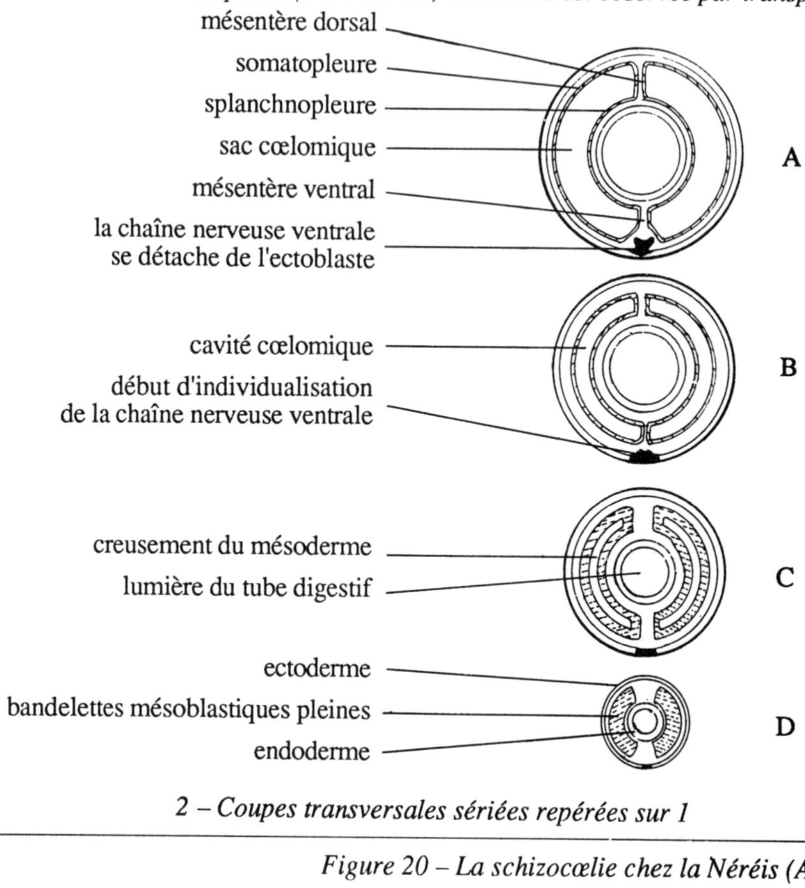

2 – Coupes transversales sériées repérées sur 1

Figure 20 – La schizocœlie chez la Néréis (Annélides)

L'acquisition du cœlome et de la circulation sanguine aura donc pour conséquence essentielle d'améliorer le "confort de vie" des cellules du troisième feuillet qui pourront dès lors mieux se spécialiser, de telle sorte que l'organogenèse et la différenciation cellulaire affecteront de la façon la plus spectaculaire le mésoblaste. Progressivement, les tissus et les organes acquièrent leur indépendance à la fois spatiale (séparation des tissus) et fonctionnelle (spécialisation des organes).

Dans l'ensemble du phylum des Spiralia, des événements comparables seront observables avec toutefois des variantes parfois importantes qui estompent complètement ce mécanisme originel. Chez les Mollusques par exemple, la croissance embryonnaire est privilégiée selon l'axe dorsoventral (**masse viscérale – pied**) et s'oppose au développement et au débitage antéropostérieur du mésoblaste. Dans cette classe, il faut observer les représentants primitifs (Monoplacophores avec Neopilina galathea) pour déceler une métamérie. Les **Arthropodes**, par contre, présentent une croissance antéropostérieure avec mise en place d'une ébauche de cœlome rapidement désorganisée et d'une métamérie dont l'aspect **hétéronome** s'affirmera dans la suite du développement.

2. Le plan d'organisation d'un Cordé

Chez les Spiralia, et en particulier chez la Néréis, nous avons observé une mise en place quasi synchrone de la métamérie et des centres nerveux (chaîne ganglionnaire ventrale). Chez les Vertébrés, on retrouve cette évolution parallèle des deux territoires présomptifs, avec une complexité accrue. Au début de cette évolution post-gastruléenne, le phénomène morphologique, directement accessible de l'extérieur à l'observation, correspond à la mise en place des centres nerveux et porte le nom de **neurulation**.

a/ La neurulation

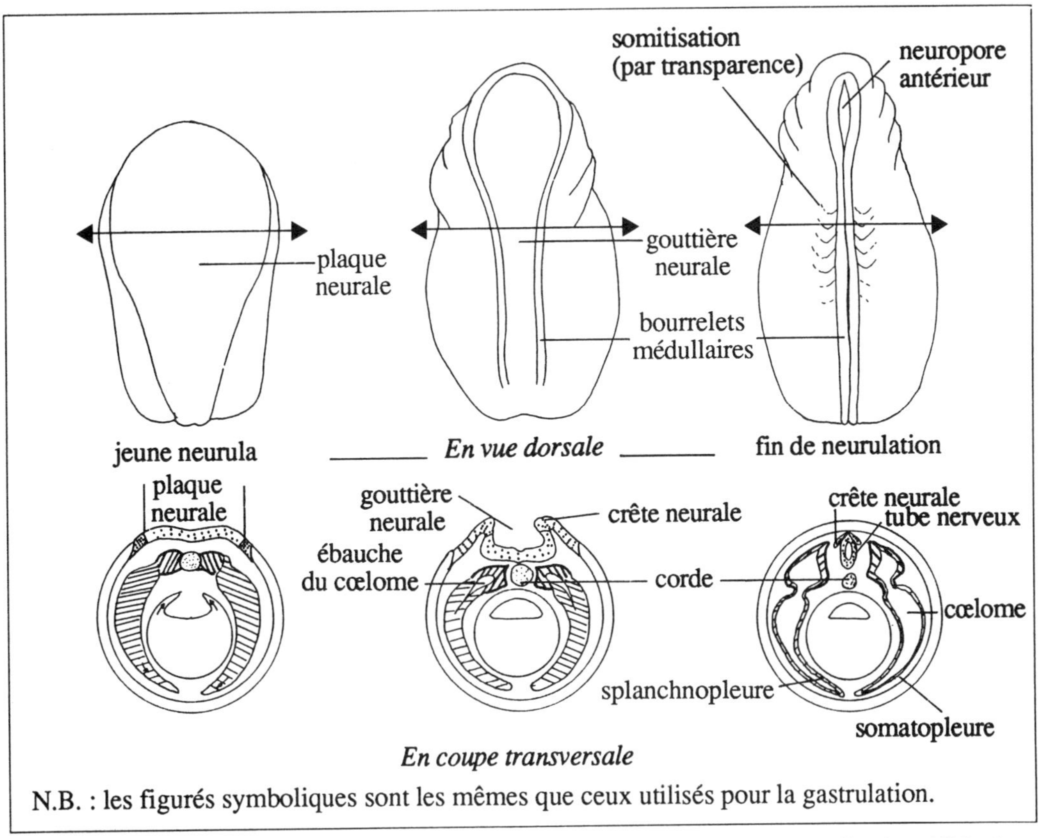

Figure 21 – La neurulation chez la grenouille (Amphibien)

➤ L'évolution neuroblastique

Le territoire présomptif neuroblastique occupe désormais, après la gastrulation, une position dorsale, en raison d'une rotation d'équilibration qui s'est produite à la suite de l'embolie endoblastique. Tandis que l'embryon s'allonge légèrement dans le sens antéropostérieur, ce territoire ou **plaque neurale** va prendre une forme en raquette élargie vers l'avant et dont les bords se soulèvent (bourrelets neuraux), alors que la partie centrale axiale se creuse (gouttière neurale). Le phénomène s'accentuant, les bourrelets neuraux viennent à la rencontre l'un de l'autre et se soudent d'abord au milieu du territoire. A partir de leur point de rencontre médian, ils s'unissent vers l'avant et l'arrière à la manière d'une fermeture-éclair. Pendant cette évolution, l'embryon porte le nom de **Neurula**. En fin d'évolution, le germe possèdera donc une ébauche des centres nerveux constituée par la vésicule encéphalique antérieure, et le tube nerveux. On peut noter que les territoires situés au sommet des bourrelets nerveux forment les crêtes neurales qui, en fin de neurulation, se détachent du tube nerveux, lui donnant son indépendance par rapport à **l'épiblaste** qui représentera désormais la seule enveloppe de l'embryon.

➤ L'évolution mésoblastique en cours de neurulation

Il va, en fait, essentiellement s'agir d'une division de ce feuillet en plusieurs parties qui ensuite évolueront donc de manière plus ou moins indépendante.

• Le premier événement est l'isolement, sous la plaque neurale d'un axe subcylindrique mésoblastique : **la corde**. Dans la partie la plus antérieure de ce mésoblaste axial dorsal, les cellules se dissocient et se dispersent vers l'avant, formant un "réseau cellulaire" lâche : le **mésenchyme** céphalique précordal.

• Le second événement correspond à la réalisation quasi synchrone de deux mécanismes qui ne sont pas sans nous rappeler la schizocœlie annélidienne. Le mésoblaste latéral isolé de la corde se creuse progressivement d'une cavité (le cœlome) qui progresse dans le sens dorsoventral, séparant splanchnopleure et somatopleure.

Ce creusement s'accompagne du tronçonnage transversal du mésoblaste dorsal (somitique) en segments dits **somites** ou métamères. Ce découpage n'affecte pas la région mésoblastique ventrale qui forme les **lames latérales** insegmentées. En fin de neurulation, on a donc un embryon triblastique cœlomate, métamérisé dorsalement. Au niveau des somites, le cœlome se réduira progressivement pour devenir une simple fente communiquant avec la cavité des lames latérales par une **pièce intermédiaire** (ou gononéphrotome). L'embryon, à ce stade, est donc muni d'une cavité cœlomique unique, de chaque côté de son corps. Le mésoblaste dorsal se présente comme une série de somites (ou myotomes) séparés par des cloisons (myoseptes). Par rapport aux Annélides, on constate que le point commun réside dans la progression de la métamérie ; en effet, dans les deux cas, les métamères (ou somites) différenciés en premier sont les antérieurs. Toutefois, le territoire mésoblastique et la métamérie progressent chez les vertébrés vers l'arrière, et non vers l'avant comme c'est le cas chez les Annélides.

➤ L'évolution endoblastique au cours de la neurulation

Il s'agit essentiellement de la fermeture de la cavité archentérique grâce à la rencontre des "cornes" endoblastiques qui ont acquis leur indépendance par rapport au mésoblaste à la suite d'un clivage.

On peut donc conclure sur le fait qu'en fin de neurulation, le plan d'organisation est mis en place et que déjà l'ébauche de certains organes (centres nerveux – musculature myotomienne...) se dessine, mais les processus de morphogenèse et d'organogenèse vont surtout s'affirmer entre la neurulation et l'éclosion. Cette phase est dite du **bourgeon caudal** (figure 22 et 23), en raison du développement de la queue du futur têtard qui la caractérise.

b/ Morphogenèse et organogenèse après la neurulation

La neurulation achève de donner aux feuillets leur indépendance mécanique (n'oublions pas qu'au stade blastula, l'embryon était constitué d'un feuillet unique contenant étroitement liés entre eux tous les territoires présomptifs). Leur développement peut donc se poursuivre avec une plus grande liberté pour chacun des territoires.

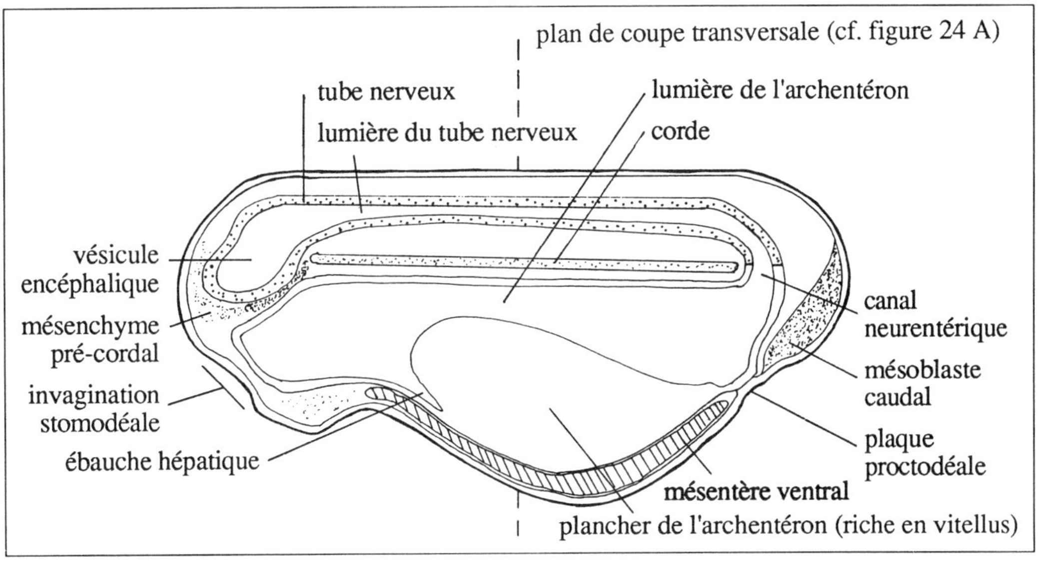

Figure 22 – Début du stade dit bourgeon caudal

➤ Evolution du neuroblaste

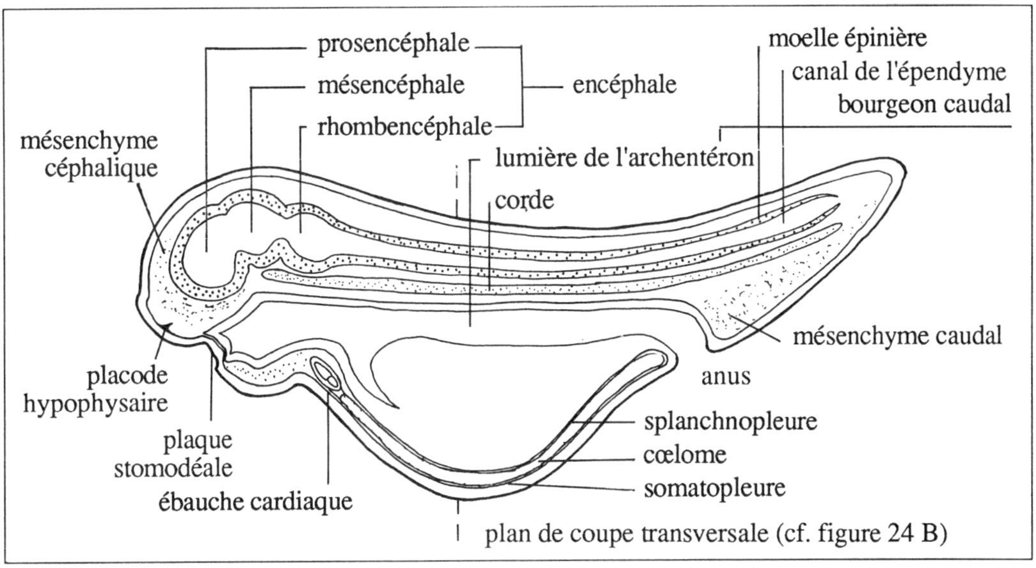

Figure 23 – Bourgeon caudal peu avant l'éclosion

L'ébauche encéphalique va subir des étranglements qui vont individualiser progressivement les vésicules encéphaliques d'abord au nombre de trois : de l'avant vers l'arrière : **prosencéphale**, **mésencéphale**, **rhombencéphale**, puis de cinq après division des vésicules antérieure et postérieure ; l'encéphale sera alors constitué des vésicules suivantes : **télencéphale**, **diencéphale**, **mésencéphale**, **métencéphale**, **myélencéphale**. Le tube nerveux, quant à lui, creusé du **canal de l'épendyme**, perdra la communication avec l'archentéron qu'il avait contractée au cours de la neurulation (canal neurentérique).

Le devenir des crêtes neurales est variable suivant leur région. Au niveau de la tête, séparées précocement des bourrelets médullaires encéphaliques, elles contribueront à la formation du réseau cellulaire lâche (mésenchyme encéphalique) dans lequel se formera le squelette cartilagineux de la tête (chondrocrâne) ; elles sont aussi partiellement à l'origine de certains ganglions céphaliques. Dans la région du tronc, les crêtes neurales, forment d'abord des bandes latérales, subissant une métamérisation synchrone de celle du mésoblaste dorsal, à la suite de quoi, elles engendreront les **ganglions spinaux et sympathiques**. Certaines cellules cependant se détacheront de ces crêtes, et iront se mêler au mésenchyme générateur de la couche profonde de la peau (derme) pour y former les cellules pigmentaires (**chromatophores**).

➤ Evolution de l'épiblaste

Pour l'essentiel, il donnera la couche superficielle de la peau (épiderme). Cependant, après la neurulation, au cours du stade dit bourgeon caudal, certaines zones épiblastiques spécialisées (**placodes sensorielles**) s'invagineront (ex. : placode cristallinienne), contribuant à l'édification des organes sensoriels, mais aussi pour partie du squelette et des ganglions crâniens. Les organes sensoriels pourront d'ailleurs avoir une origine mixte. Par exemple dans l'œil, la rétine provient d'une évagination du diencéphale, tandis que le cristallin dérive d'une placode cristallinienne épiblastique.

➤ Evolution du mésoblaste

Elle est la poursuite naturelle de celle subie au cours de la neurulation.

La partie métamérisée évoluera de la manière suivante :

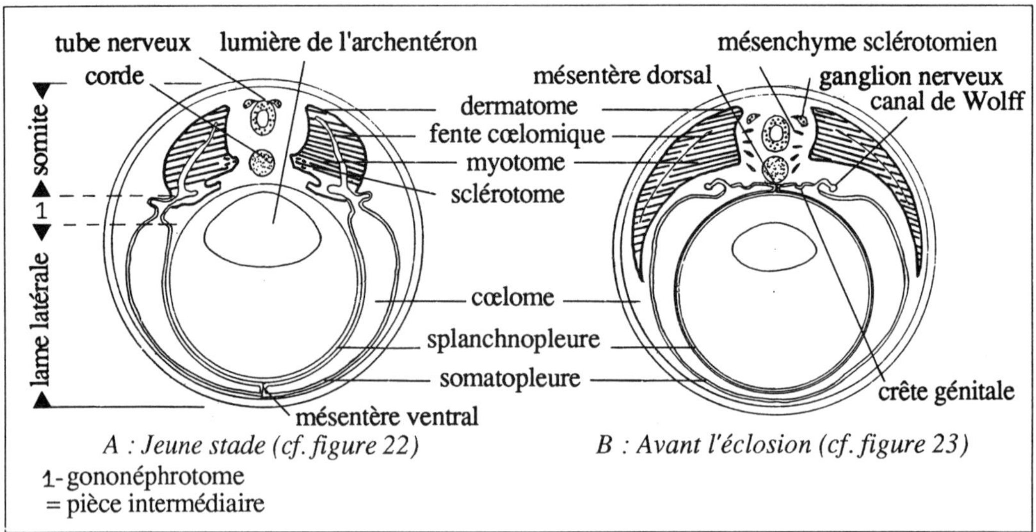

Figure 24 – Coupes transversales au stade bourgeon caudal chez la grenouille (Amphibien)

Les somites se séparent des pièces intermédiaires et leur cavité cœlomique (**myocèle**) se réduit à une fente rapidement virtuelle. La partie externe du myotome devient le dermatome qui donnera essentiellement le derme. La partie interne s'épaissit et donnera les muscles striés. De la partie inférieure interne des myotomes (sclérotomes) se détachent des cellules formant un réseau lâche (**manchon squelettogène**) qui entoure la corde et sera à l'origine de la **colonne vertébrale**. Les blocs mésoblastiques métamérisés, issus de la somitisation, se développent de chaque côté, enveloppant la lame latérale ; ils permettent ainsi de réaliser sous l'épiblaste une doublure conjonctivo (derme) musculaire (muscles striés) qui donnera plus tard la peau et la musculature pariétale. Au niveau des pièces intermédiaires s'édifient les néphrons reliés par le canal de WOLFF qui progresse de l'avant vers l'arrière comme la somitisation, en induisant les blastèmes rénaux (figure 25).

Au fur et à mesure de l'évolution ontogénique, la métamérie d'origine s'estompera, pour ne plus persister qu'au niveau de la musculature dorso-axiale qui dérive directement des myotomes, ainsi que dans le squelette axial constitué d'un axe vertébral segmenté, ne respectant toutefois pas la métamérie primitive. En effet, chaque vertèbre provient des sclérotomes issus de deux métamères successifs, l'un ayant fourni la partie antérieure de la vertèbre, l'autre sa partie postérieure. Au niveau rénal, seul le pronéphros présentera des néphrons métamériques, de sorte que le rein fonctionnel de tous les vertébrés (Mésonéphros des Anamniotes ou Métanéphros des Amniotes) est constitué d'un nombre de néphrons bien supérieur à celui des néphrotomes d'où il tire son origine.

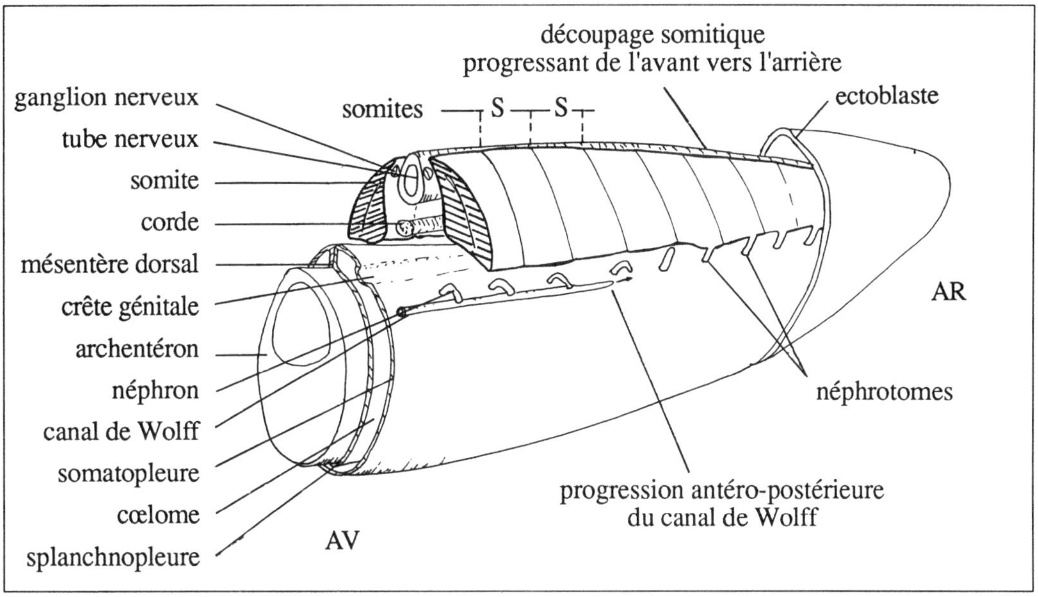

Figure 25 – Stade bourgeon canal avancé, privé de son ectoblaste

La lame latérale, partie non métamérisée du mésoblaste, creusée par une nette cavité cœlomique, va régresser sous l'effet du développement dorsoventral des dérivés somitiques.

Le mésentère ventral qui s'est formé en fin de neurulation par affrontement des lames latérales droite et gauche disparaît (sauf au niveau hépatique), de sorte que la cavité cœlomique dite cavité générale devient unique. Du côté dorsal, les lames latérales, séparées des somites, viennent à la rencontre l'une de l'autre et s'affrontent dans le plan sagittal pour former le **mésentère dorsal** qui suspendra l'intestin dans la cavité cœlomique. Les feuillets externe (somatopleure) et interne (splanchnopleure) des lames latérales vont s'épaissir et engendrer vers l'extérieur et l'intérieur des tissus conjonctifs et musculaires.

La splanchnopleure sera à l'origine de la musculature lisse du tube digestif, du myocarde, de l'endocarde, de l'endothélium des vaisseaux sanguins, qui emprisonnera localement des cellules libres (mésenchymateuses) à l'origine des premiers éléments sanguins. La somatopleure contribuera à la formation de la musculature céphalique, pariétale, et appendiculaire. En raison du développement de ses parois, la cavité cœlomique régresse progressivement, finissant par être réduite à une mince lame formée de deux feuillets entourant les organes. Dans le thorax, ces feuillets porteront localement le nom de **plèvres** et envelopperont les poumons ; autour du cœur, le feuillet externe formera le **péricarde** qui se prolonge par le mésocarde qui suspend le cœur dans la cavité péricardique. Au niveau abdominal, ces feuillets enveloppent l'ensemble des viscères. Le feuillet externe forme le **péritoine somatique**, l'interne le **viscéral**.

Il faut, au cours de ces phénomènes de morphogenèse et d'organogenèse, accorder une attention particulière à l'ensemble des cellules migratrices détachées des différents feuillets, et plus particulièrement du mésoblaste, qui contribuent à former le **mésenchyme**, origine de la plupart des **tissus conjonctifs** (au sens large). La migration des cellules germinales est aussi remarquable. Dans le cas des Amphibiens, elles sont primitivement logées dans le plancher archentérique, puis viennent coloniser la partie supérieure du mésentère dorsal (**crête génitale impaire**) avant de se répartir en deux amas colonisant des gouttières dorsales somatopleurales (**crêtes génitales paires**) situées à proximité des ébauches mésonéphrétiques (**blastèmes mésonéphrétiques**).

➤ Evolution de l'endoblaste

Le cul-de-sac archentérique en se développant vers l'avant est venu s'appliquer contre une invagination épiblastique (**stomodeum**) pour former une plaque (stomodéale) dont l'ouverture formera la bouche qui apparaît donc comme une perforation secondaire (**Deutérostomiens**). De nombreux diverticules s'ébauchent à partir de l'archentéron. Au niveau pharyngé, ils seront à l'origine de poches qui, associées à des invaginations épiblastiques, édifieront les **fentes branchiales**. Un peu plus en arrière, deux évaginations ventrales inaugureront la mise en place des **poumons**. Toutes les glandes digestives, mais aussi la thyroïde proviendront du développement des diverticules endoblastiques. Au niveau du blastopore refermé, s'ouvrira la plaque **proctodéale** (ou anale).

En définitive, on peut noter après la neurulation une véritable accélération et une grande complexité de l'évolution embryonnaire qui sollicite souvent la contribution des différents feuillets dans l'édification de l'ébauche d'un organe. Petit à petit, les phénomènes se régionalisent, touchent des territoires d'étendue de plus en plus limitée. Jusqu'à la neurulation, on peut décrire globalement le développement embryonnaire, car les phénomènes affectent tout le germe, les territoires étant liés dans leur évolution, ne serait-ce que par leur cohésion mécanique ; ensuite, progressivement, des ensembles cellulaires à l'origine d'organes s'isolent ou s'associent et semblent évoluer indépendamment. Cette autonomie n'est d'ailleurs peut-être qu'apparente, et il nous faut analyser les résultats de quelques observations d'embryologie causale (ou expérimentale) pour mieux comprendre d'éventuelles interactions entre régions embryonnaires, sans lesquelles il est difficile de concevoir l'harmonie d'ensemble qui conduit à l'édification d'un être structuré avec précision possédant des organes liés par des corrélations fonctionnelles assurant l'intégrité physiologique de l'organisme. Comment, en effet, à partir d'évolutions organiques morcelées, parcellaires, aboutit-on à un être au fonctionnement unitaire ?

Alors que l'embryon s'allonge, prenant progressivement emprisonné dans la gangue ovulaire une forme en virgule, la morphologie du têtard se dessine, en particulier par allongement de la queue. C'est à ce stade avancé, dit bourgeon caudal, que se fera l'éclosion. L'embryon a alors le plan d'organisation typique d'un cordé : c'est un être **triblastique**, **cœlomate**, **cordé**, **épineurien**, **deutérostomien**. L'origine de ses organes est résumée sur le tableau.

Blastula	Gastrula	Neurula	Bourgeon caudal	Organes définitifs
Soma	Ectobl.	Épiblaste	Épiderme	épiderme, dérivés cutanés
			Placodes sensorielles	dérivés sensoriels
			Crêtes neurales	ganglions
			Prosencéphale	télenc. diencéphale
		Neuroblaste	Mésencéphale	mésencéphale
			Rhombencéphale	métenc. myélencéphale
			Moelle	moelle
	Cordo-mésobl.	Mésoderme axial	Corde	corde
		Somites	Sclérotome	squelette axial
			Myotome	muscles striés
			Dermatome	derme
			Pièce intermédiaire	app. uro-génital
		Lames latérales	Somatopleure	appendices, péricarde
			Splanchnopleure	m. lisses, endo. et myocarde
			....	endothéliums
	Endobl.	Endoderme	App. respiratoire	poumons, fentes branchiales
			Tube digestif	tube digestif, gl. annexes
Germen			cellules germinales primordiales	ovogonies ou spermatogonies

IV – Le déterminisme dans l'embryogenèse

1. Œufs mosaïques et œufs régulateurs

a/ Les œufs mosaïques

Chez les **Ascidies**, qui sont des **Procordés** tuniciers, les blastomères perdent d'emblée la totipotence habituellement présente dans l'œuf ; en effet, si on sépare les deux premières cellules embryonnaires, elles donneront des embryons incomplets, chaque blastomère ne pouvant compenser l'absence de l'autre, de tels œufs sont dits incapables de régulation.

Cette absence de régulation est due à l'importante hétérogénéité cytoplasmique. On a pu par exemple totalement perturber le développement d'un œuf d'Ascidie, en le centrifugeant, ce qui répartit ses composants cytoplasmiques suivant leur densité, au lieu de les laisser dans leur position d'origine. De tels œufs, dans lesquels il y a en quelque sorte prédétermination des territoires cytoplasmiques, et par voie de conséquence des blastomères qui les contiennent ensuite, sont dits **mosaïques**.

Les plus connus sont ceux des Spiralia (cf. chapitre 1), chez lesquels l'ablation précoce d'un blastomère précis entraînera chez la larve l'absence de tel ou tel organe. L'œuf, puis l'embryon apparaissent donc d'emblée comme la juxtaposition de territoires prédéterminés, d'où le qualificatif d'œuf mosaïque. Cette prédétermination se retrouve dans l'ensemble du phylum, quelle que soit la richesse en réserves de l'ovule.

b/ Les œufs régulateurs

Il s'agit d'œufs qui engendrent des embryons tels, qu'à un stade plus ou moins précoce, un fragment du germe peut à lui seul évoluer en individu normal (régulation par soustraction). De même, la fusion de deux embryons conduit à l'édification d'un seul être présentant une organogenèse et une morphogenèse harmonieuse (régulation par addition). Les exemples expérimentaux foisonnent. Chez l'oursin, la séparation des quatre premiers blastomères conduira à l'obtention de quatre **larves pluteus** petites, mais normalement constituées. Chez les Mammifères, on a réussi à cloner des brebis. En prélevant les quatre blastomères d'un embryon au stade 4, et en les réimplantant dans quatre "mères porteuses" différentes, on peut obtenir quatre agneaux **"jumeaux" monozygotes**.

Dans le cadre des régulations par addition, on peut rappeler que pour peu qu'on respecte certaines orientations deux embryons de triton (stade 2) soudés artificiellement évoluent en un seul têtard. Des chimères ont été obtenues aussi chez les Mammifères (en particulier chez la Souris) par fusion de deux embryons fécondés. Les deux germes soudés et réimplantés dans l'utérus maternel évoluent en un individu formé d'une mosaïque de cellules des deux origines ; c'est ainsi qu'on obtient par exemple des souris zébrées, si on a uni des embryons de souris blanches et de souris grises.

Ces **régulations** par soustraction (dites encore des déficiences) ou par addition (dites encore des excédents) se réalisent d'ailleurs naturellement : les vrais jumeaux sont issus d'un embryon qui s'est scindé à un stade précoce (éventuellement jusqu'au stade gastrula semble-t-il). Les individus chimères existent naturellement chez les Mammifères, car c'est ce qui permet d'expliquer l'appartenance d'un individu à plusieurs groupes sanguins, ou le fait que des cas pathologiques relatifs à des anomalies sexuelles se rapportent chez un individu à la cœxistence de cellules contenant les unes XX, les autres XY.

2. L'origine du déterminisme

De l'observation du comportement des œufs mosaïques soumis à des expériences de régulation, se déduit la notion de **détermination** ; en effet, on peut dire que, dès l'œuf, les territoires cytoplasmiques sont en quelque sorte prédéterminés à donner telle ou telle partie de l'embryon. Par contre, les régulations qui interviennent par exemple chez les Mammifères montrent que les blastomères ne sont pas déterminés, mais peuvent subir une évolution différente à la suite d'un "accident" entraînant par exemple la suppression d'une zone embryonnaire. Cependant, tôt ou tard, la détermination apparaîtra, et pour éclairer ce point de vue, on peut citer quelques expériences simples.

Si, sur une jeune gastrula de Batracien, on permute deux lambeaux de territoires présomptifs épiblastique et neuroblastique, ils évolueront dans l'embryon, non pas selon leur origine, mais en fonction de leur emplacement nouveau, ce qui prouve qu'ils n'étaient pas déterminés. Si plus tard, sur une neurula, on déplace ce que l'on nomme des champs morphogénétiques, comme par exemple la zone embryonnaire où devrait s'ébaucher un membre que l'on greffe sur le dos de l'embryon, cette dernière région transplantée organisera un membre dans un endroit pour le moins surprenant. Les **champs morphogénétiques** sont donc déterminés et n'évoluent plus en fonction de leur situation. Pourtant, il ne faudrait pas croire que la détermination annule tout pouvoir régulateur. En effet, si on fait l'ablation d'un demi-champ morphogénétique de membre, la partie restante édifiera un organe plus petit, mais normalement constitué, témoignant par-là la persistance de la capacité de régulation. On peut donc conclure en disant que, au cours du développement, il y a progressivement **perte de la totipotence**, et donc du pouvoir de régulation qui va se limiter à des territoires de plus en plus précis, tandis que parallèlement le nombre de zones déterminées s'accroît. A la limite, on peut considérer que le pouvoir de régénération observé chez certains animaux, et que la capacité de cicatrisation sont ce qui reste du potentiel régulateur qui affectait initialement la quasi-totalité de l'embryon.

La détermination gagne donc progressivement, si elle n'existe d'emblée, les régions de l'embryon. Une question s'impose désormais, le déterminisme apparaît-il spontanément au sein d'un territoire ? Ou bien, existe-t-il déjà un dialogue intercellulaire qui fait que les destinées des feuillets ne sont pas fixées de façon indépendante ?

3. Un exemple de déterminisme déclenché : l'induction

a/ Description de l'expérience de SPEMANN et MANGOLD (1924) (figure 26)

A une époque où on ne maîtrisait pas encore la technique des marques colorées, les auteurs de l'expérience réalisent la greffe du territoire de la lèvre dorsale du blastopore d'une jeune gastrula très pigmentée de **Triturus taeniatus** sur la région ventrale d'une gastrula de même stade peu pigmentée de **Triturus cristatus**. Grâce à ce marquage naturel, ils peuvent différencier le devenir du greffon de celui du receveur.

Le résultat de cette expérience se solde d'abord par une double gastrulation dont l'une se déroule anormalement du côté ventral, visiblement entraînée par la lèvre dorsale greffée. On obtient ensuite une neurula à deux plaques neurales, puis plus tard, à l'éclosion, un têtard double formé par l'embryon normal plus développé auquel se trouve soudé ventralement l'embryon supplémentaire induit par la greffe, mais dérivant en ce qui concerne son épiderme du porte greffe comme en témoigne sa faible pigmentation.

b/ Réalisation d'une coupe et interprétation

Sur une coupe transversale, on observe la structure double de l'embryon, avec, en particulier, deux régions dorsales opposées matérialisées par une corde, des somites et un tube nerveux. La pigmentation ne touchant que la corde, et une petite partie des somites, on peut donner du résultat l'interprétation suivante :

Le territoire greffé correspondait au mésoblaste cordal et à une partie des somites (voir la carte des territoires présomptifs), il a donc évolué selon son origine ; il était donc déjà déterminé. La corde excédentaire a influencé l'évolution des territoires de son environnement immédiat, les déviant de leur chemin évolutif normal. Ainsi, l'épiblaste ventral, qui aurait dû donner les cellules épidermiques de la peau du ventre, donnera-t-il les neurones des centres nerveux (**action neuralisante**), tandis que le mésoblaste latéral qui aurait dû former péritoine, péricarde ... évolue en somites et en pièces intermédiaires (action **mésodermisante**). Seul le territoire présomptif endoblastique a un devenir conforme à sa destinée primitive, on verra qu'il était en fait déjà déterminé.

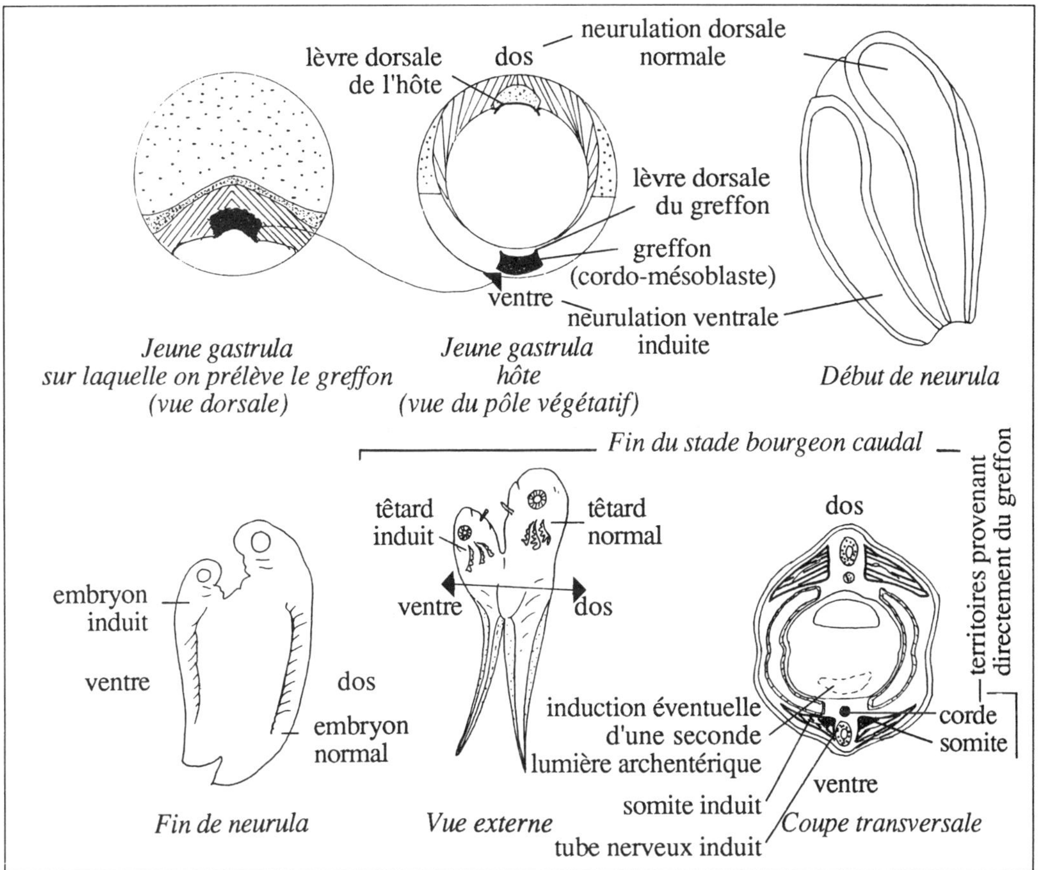

Figure 26 – Expérience de SPEMANN et MANGOLD

Ces actions neuralisantes et mésodermisantes de la corde sont dites inductrices. Cette induction découverte en premier a été appelée **induction primaire**, et le territoire cordomésoblastique de la lèvre dorsale du blastopore **inducteur primaire** (ou **centre organisateur primaire**). On sait depuis, qu'en fait, l'endoderme est déterminé plus précocement, et qu'il a déjà induit le territoire cordomésoblastique qui apparaît donc sous ce nouvel éclairage comme inducteur secondaire. Dans les conditions naturelles du développement embryonnaire des Batraciens, c'est la corde qui induit la neurulation et la somitisation ; on comprend dès lors pourquoi **les notions de Cordé et d'Epineurien sont indissociables**.

c/ Généralisation et notion de cascade d'inductions

➤ Généralisation

Les mêmes phénomènes inducteurs ont été démontrés chez les autres vertébrés, où le nœud de Hensen et la ligne primitive sont homologues du Blastopore. Chez les Spiralia, on ne connaît pas de phénomènes similaires, ce qui se conçoit dans la mesure où on sait que, chez ces animaux, les territoires embryonnaires sont précocement déterminés, et ne peuvent donc plus, semble-t-il, subir l'influence d'éventuels inducteurs.

➤ Notion de cascade d'inductions

L'étude de la formation de divers organes chez les vertébrés a de plus montré que les phénomènes d'induction s'enchaînaient en cascade, déterminant des régions d'étendue de plus en plus limitée qui évoluent à la suite de cette action, de l'état de simple territoire présomptif à celui de champ morphogénétique. Par exemple, c'est le mésenchyme céphalique d'origine précordale qui induit le diencéphale à former deux vésicules optiques (évaginations latérales). Ces vésicules optiques induisent l'épiblaste qui les recouvre à évoluer en placode cristallinienne, puis en cristallin. Le cristallin à son tour rétro-agit sur la vésicule diencéphalique qui se développe alors en rétine. Rétine et cristallin induiraient ensuite la formation d'une cornée transparente. Cet exemple de la formation de l'œil illustre bien la notion de **cascade d'inductions** qui se réalisent progressivement dans l'organisme. Le déterminisme va gagner tout l'embryon qui finira donc toujours par être une mosaïque de champs morphogénétiques. L'étude au niveau cellulaire va nous permettre de démontrer que, toutefois, le déterminisme ne sera pour une cellule donnée réalisé avec précision que plus tard, chaque champ morphogénétique étant encore capable de réaliser en son sein, comme nous l'avons vu, une éventuelle régulation.

4. Le problème du déterminisme aux niveaux cellulaire et moléculaire

a/ L'importance du contenu cytoplasmique initial

➤ L'importance de la répartition cytoplasmique : notion de **plasme organisateur**

Au cours de la fécondation, au niveau cytoplasmique, le rôle des deux gamètes est très dissymétrique. En effet, l'apport cytoplasmique du spermatozoïde est quantitativement négligeable. C'est donc le cytoplasme ovulaire qui va représenter le milieu dans lequel les noyaux issus des mitoses enchaînées de la segmentation vont baigner. Diverses expériences attestent de son importance, mais surtout de celle de sa répartition en régions cytoplasmiques au devenir fixé précocement : les plasmes organisateurs.

Le spermatozoïde apporte avec son centriole proximal un organisateur essentiel ; en effet, un événement cytoplasmique important correspond à la réorganisation cytosquelettique, qui entraîne au cours de la fécondation des mouvements dans ce compartiment, plus marqués au niveau périphérique comme en témoigne la mise en place du croissant gris chez les Batraciens, du croissant jaune-orangé de l'Ascidie... Cette réorganisation va jouer un rôle essentiel. Chez l'Ascidie, par exemple, la régulation devenue impossible avec l'œuf était réalisable au stade ovocyte. Une ligature méridienne de l'ovocyte entraîne, en effet, après fécondation des deux moitiés par deux spermatozoïdes, le développement de deux têtards pratiquement normaux. On obtient un têtard diploïde issu de la moitié qui contenait le noyau de fécondation et un têtard haploïde issu du compartiment ne contenant qu'un pronucleus mâle. C'est donc, dans le cas de l'Ascidie, la réorganisation cytosquelettique déclenchée par la fécondation qui est responsable du déterminisme affectant primitivement l'embryon.

Chez les Amphibiens, les mouvements cytoplasmiques, déclenchés par la fécondation, sont surtout visualisés par la formation du croissant gris. Toutes les expériences de régulation démontrent l'importance de cette région correspondant au **matériel dorsovégétatif** qui doit, dans les expériences de régulation des déficiences, être présent en une quantité minimale pour obtenir un embryon normalement constitué. En fait, nous verrons que cette région cytoplasmique particulière est dès la fécondation déterminée, et qu'elle représente **l'inducteur initial**. Dans les deux cas évoqués (Ascidie – Amphibiens), la distribution hétérogène du contenu cytoplasmique joue donc un rôle essentiel : elle pourra fixer de façon définitive le devenir des cellules qui contiendront telle ou telle substance cytoplasmique, c'est ce qui se passe dans les œufs de type mosaïque. Elle pourra n'affecter qu'une région limitée de l'embryon qui deviendra alors déterminée et inductrice, entraînant par voie de conséquence une cascade de déterminations successives (œufs régulateurs).

➤ L'exemple de la lignée germinale

La lignée germinale des insectes est aussi un bon exemple illustrant l'influence des régions cytoplasmiques déterminées, appelées plasmes organisateurs. Dans la partie postérieure de l'œuf de Drosophile, par exemple, se trouve une zone cytoplasmique (plasma polaire), particulièrement riche en ribonucléoprotéines. Au cours de la segmentation, les cellules qui incorporent cette zone sont appelées polaires et ont une grande taille relative : ce sont les cellules germinales primordiales.

L'irradiation de la zone polaire de l'ovocyte (avant fécondation) détruit les ARN des granules ; la conséquence en est l'obtention à partir de l'œuf irradié d'un adulte stérile. Si on injecte à l'œuf irradié le plasma polaire d'un ovocyte non traité, on rétablit sa fertilité.

C'est donc le contenu cytoplasmique particulier de ces cellules qui conditionne leur avenir germinal. D'autres expériences prouvent en effet que ce n'est pas leur localisation postérieure qui les oriente. On peut légitimement penser que c'est par des phénomènes analogues que les cellules de la lignée germinale sont précocement déterminées chez les vertébrés.

La répartition du cytoplasme initial est donc importante, ce qui se conçoit dans la mesure où les noyaux subissent l'action des messages de leur environnement cytoplasmique. Les noyaux n'ont en effet aucune raison d'être différents au sein de l'embryon, puisqu'ils sont issus d'une activité reproductrice de type conforme (mitose équationnelle) ; seul leur bain cytoplasmique pourra donc différencier leur activité génétique. Dans le cas des œufs régulateurs, l'environnement initial des noyaux des blastomères apparaît pour la plupart d'entre eux moins fondamental. Leur destinée n'est en effet pas orientée de façon irréversible. L'expression de leur information génétique peut donc être influencée, en particulier par les phénomènes inductifs. La question est donc posée, de savoir comment l'induction exerce ses effets au niveau cellulaire.

b/ L'induction au niveau cellulaire

➤ Recherche des cellules inductrices initiales chez les Amphibiens

• L'expérience historique de SPEMANN avait laissé croire que les cellules possédant la capacité inductrice initiale étaient celles du territoire mésoblastique dorsal ; or, récemment, on a montré que ce mésoblaste dorso-axial n'est pas spontanément déterminé. En effet, isolé et cultivé à un stade précoce chez le Xénope (32 à 128 cellules), ce territoire n'engendre pas de cellules de type cordomésoblastique ou somitique, par contre, à partir du stade 256 cellules, le même explant engendre du mésoderme axial. C'est donc au stade de jeune blastula que le territoire mésoblastique, qui se trouvera plus tard situé au niveau de la lèvre dorsale du blastopore, est déterminé. Mais son déterminisme est-il spontané ou déclenché ?

• De nombreuses expériences démontrent que le territoire cordomésoblastique a été lui-même induit à partir des cellules endoblastiques qui le jouxtent. C'est le *contact* **annulaire** entre les cellules endoblastiques du pôle végétatif, et celles du pôle animal, séparées ailleurs par la cavité blastocœlienne qui permet l'induction. L'irradiation de l'endoblaste dorsal entraîne par voie de conséquence la non-organisation du cordo-mésoblaste. Une greffe de blastomères végétatifs dorsaux, mis au contact du futur territoire présomptif cordomésoblastique, au stade 64 cellules corrige les effets d'une irradiation précoce du pôle végétatif de l'œuf par les UV. Ces blastomères greffés contiennent donc le pouvoir inducteur initial, ils ne peuvent l'avoir reçu que du contenu cytoplasmique qu'ils ont emprisonné au cours de la segmentation. Une fois encore, c'est bien la répartition des substances, réalisée par le cytosquelette de l'ovocyte au cours de la fécondation qui est responsable du déterminisme. Toutefois, au contraire de ce qui se déroule dans le cas d'un œuf mosaïque, c'est ici une région modeste de l'œuf qui voit son avenir défini, le déterminisme ultérieur sera dû à une cascade d'inductions. La zone cytoplasmique dorsale (**région du mur vitellin et du croissant gris**) contient donc des informations précises susceptibles d'orienter l'activité génétique des noyaux qui baignent dans son environnement. Ces informations, synthétisées au cours de la vitellogenèse dans l'ovocyte sont vraisemblablement de type hétéropolymère, peut-être des ARN messagers d'origine maternelle.

➤ Cascade d'inductions et substances mises en jeu

• La nature des inducteurs du mésoblaste a été récemment mise en évidence, il s'agit en fait de substances appartenant à la famille des facteurs de croissance : ce sont le **FGF (fibroblast growth factor)** et le **TGFß (transforming growth factor)**. Ces facteurs sont traduits à partir des ARNm maternels correspondants, d'abord localisés en position corticale dans l'ovocyte, puis répartis par action cytosquelettique dans les cellules endodermiques initialement inductrices. La localisation de ces ARNm a été repérée grâce à des sondes ADN(c). Les effets inducteurs de ces facteurs de croissance ont été démontrés sur des cultures de cellules provenant de calottes animales de jeunes blastula.

Si on conçoit que l'induction initiale puisse être déclenchée par un nombre limité de substances informatives, il devient beaucoup plus difficile d'identifier les molécules qui se relaient au niveau des inductions en cascades affectant des régions de plus en plus précises.

On a montré cependant que le territoire cordomésoblastique inducteur de la neurogenèse libère des protéines neuralisantes, dont l'action peut d'ailleurs être neutralisée par les anticorps correspondants. Des expériences complexes démontrent que les protéines de l'induction sont variées et doivent parfois agir simultanément de façon synergique ou se relayer pour réaliser une induction complète. Les concentrations relatives des substances jouent un rôle important dans la modulation des effets inducteurs.

Enfin, en avançant dans le développement, il devient parfois difficile de séparer substance inductrice et hormone ; très rapidement, en effet, les substances informatives vont être mises en circulation dans l'embryon et n'auront plus seulement une action locale. L'exemple de l'hormone antimullerienne sécrétée précocement par le testicule embryonnaire du jeune mammifère et entraînant la régression des canaux de Müller illustre bien cette idée.

Au niveau cellulaire, l'induction n'apparaît donc pas comme un phénomène totalement original, puisqu'il s'agit en fait d'une interaction cellulaire comparable à celles que l'on trouvera impliquées dans les corrélations fonctionnelles chez l'individu adulte. Ces interactions inductrices organisent une harmonie du développement comme les hormones et les messages nerveux corrèlent la physiologie des organes. Il existe cependant une différence fondamentale entre les coordinations intercellulaires de l'embryon et celles de l'adulte ; en effet, chez celui-là, les messages agissent sur des cellules spécialisées (on pourrait dire programmées) et ne font que moduler leur activité ; au contraire, les cellules embryonnaires sont souvent, comme nous allons le voir, totipotentes et susceptibles de subir des "programmations" différentes.

c/ L'action des inducteurs

➤ La notion de compétence

• L'induction est caractérisée par l'action d'un groupe de cellules (territoires inducteurs) sur une autre région (territoire cible).

• Des études macroscopiques démontrent que l'induction n'est pas spécifique. Une région cible répond à l'inducteur selon sa spécificité, mais l'inducteur peut être originaire d'une espèce différente. Par exemple, de l'ectoderme d'Amphibien Urodèle, prélevé dans la région péribuccale et greffé dans la région homologue d'une larve d'Anoure, se différenciera en balancier comme il l'aurait fait sans être transplanté, et non en une ventouse qui est l'organe spécifique de cette région chez les Anoures. Les récepteurs à l'induction comme les substances inductrices doivent donc être relativement proches d'une espèce à l'autre chez les vertébrés, mais, en définitive, **c'est bien entendu le matériel génétique spécifique qui s'exprime par la morphogenèse**.

• La capacité à être induite (compétence) varie au cours du temps, au stade neurula par exemple, l'épiblaste ne peut plus être neuralisé par induction. Un phénomène chronobiologique doit donc, en raison du "turn-over" des molécules du vivant faire perdre progressivement les **récepteurs compétents** dans les feuillets sujets à induction.

• La compétence apparaît donc comme un état temporaire réceptif, dans lequel les cellules sont susceptibles, sous l'effet d'informations non spécifiques, d'orienter l'activité hétérocatalytique de leur matériel génétique. Cette réceptivité est incompatible avec l'état déterminé, et on conçoit que, là encore, le contenu cytoplasmique initial des cellules des feuillets peut jouer un rôle important. Les cellules compétentes possèdent donc, mais pour une durée limitée, des récepteurs aux substances inductrices qu'il nous faut désormais localiser.

➤ Localisation des récepteurs de l'induction

Il est difficile, étant donné la cascade d'inductions qui se déroule au cours du développement embryonnaire, et par voie de conséquence la variété des inducteurs et des récepteurs, de donner une réponse unique à ce problème qui n'est que très partiellement résolu dans quelques cas précis.

• Certains récepteurs de l'ectoblaste de la plaque neurale sont des glycoprotéines membranaires, car on peut obtenir des structures neurales rudimentaires par l'action de **lectines** (mimant les substances inductrices) qui se fixent spécifiquement sur les glycoprotéines. Dans ce cas, les protéines inductrices, diffusibles, peuvent permettre l'action "à distance" de l'inducteur sur l'induit, en se fixant sur des glycoprotéines.

• Dans d'autres cas, il doit y avoir impérativement contact entre inducteur et induit comme le prouve l'emploi de filtres laissant diffuser d'éventuelles substances inductrices mais empêchant le contact entre les deux territoires embryonnaires inducteurs et cible.

• L'induction peut aussi solliciter les moyens de communication entre les cellules très tôt assurés par des "**gap junctions**". La neutralisation par des anticorps des protéines de ces sortes de pores intercellulaires entraîne de nombreuses anomalies d'organogenèse, témoignant du rôle important que jouent ces communications intercellulaires dans l'induction.

• Il ne faut pas non plus négliger la fonction assurée par la simple cohésion des feuillets inducteurs et induits maintenus en contact grâce à la matrice intercellulaire, et sans laquelle la régionalisation des inductions ne pourrait se réaliser.

On peut donc déduire que, comme dans un métazoaire évolué, les cellules peuvent être influencées dans leur fonctionnement par la présence en concentration donnée de substances diffusibles, mais les contacts intercellulaires mécaniques et fonctionnels commencent à intégrer chaque cellule dans un ensemble (le feuillet ou le territoire présomptif), le positionnant de façon précise de telle sorte que son évolution tiendra progressivement compte de son "histoire" et de sa situation topographique.

On note donc que, un peu comme dans un organisme développé, les cellules sont soumises à l'action de substances informatives reconnues par des récepteurs spécifiques. Les récepteurs des différentes actions inductrices sont vraisemblablement localisés à divers niveaux (plasmalemme – récepteurs cytosoliques ou nucléaires), mais "l'effecteur ultime" sera le matériel génétique dont l'activité se trouvera progressivement spécialisée dans les différentes cellules.

5. Développement embryonnaire et expression de l'information génétique

a/ La limitation des capacités génétiques

Sur un plan strictement théorique, on comprend bien que tous les noyaux d'un métazoaire contiennent une information génétique identique puisqu'ils descendent par mitose équationnelle d'un noyau initial. En raisonnant à partir de cette hypothèse de travail simpliste, le métazoaire apparaît comme un clone cellulaire homogène. Théoriquement, les noyaux détiennent tous une information génétique complète susceptible de réaliser un individu entier à partir d'une cellule unique. Cette totipotence, initialement présente de façon évidente, est-elle conservée au cours du développement ? Des expériences de transplantation nucléaire permettent de répondre à cette question. Grâce à une technique complexe, on peut énucléer un ovocyte ou un œuf et lui implanter ensuite un noyau d'une autre origine (cellule de blastula, de morula, de neurula, de larve, d'adulte).

Le résultat de ces expériences démontre l'importance de l'environnement cytoplasmique dans l'activité du noyau. En particulier, chez le Xenope (GORDON, 1968), on a pu obtenir le développement complet à partir d'ovocytes énucléés, ayant subi la greffe d'un noyau provenant du mésoderme ou de l'endoderme d'un embryon jusqu'au stade bourgeon caudal. A des stades plus tardifs, les noyaux transplantés ne permettent pas de conduire le développement à son terme, par contre le taux de réussite est d'autant plus élevé que le noyau transplanté provient d'un jeune embryon (morula – blastula).

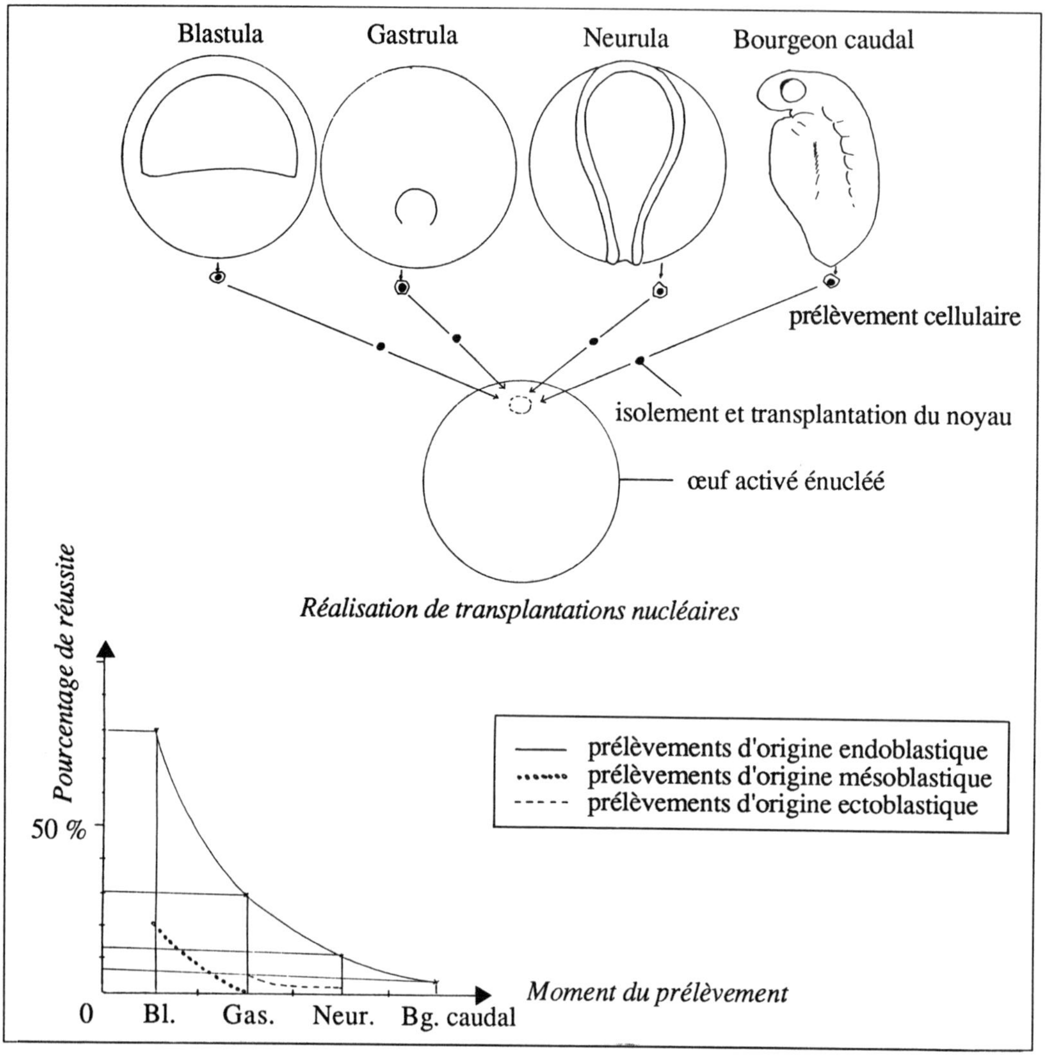

Figure 27 – Expérience de GORDON, transplantations nucléaires

Le bilan de ces expériences se solde par la constatation suivante : les noyaux ne perdent que progressivement leur totipotence et s'ils ne l'expriment pas dans un développement embryonnaire normal, c'est parce qu'ils baignent dans un environnement cytoplasmique qui limite progressivement leur possibilité d'expression génétique, d'abord de façon réversible, puis ensuite définitivement.

b/ L'expression génétique : la synthèse des ARN

Dès la fécondation, il se produit un réveil métabolique au niveau de l'ovocyte, sans doute déclenché par l'élévation de pH due à l'expulsion des H_3O^+ de la cellule. Sur le plan de l'anabolisme, ce réveil se matérialise par une synthèse importante des protéines nécessaires aux mitoses successives de la segmentation (protéines cytosquelettiques – membranaires...).

Cette synthèse n'est pas inhibée par l'Actinomycine D qui bloque sélectivement la transcription. **La synthèse protéique initiale n'est donc que traductionnelle**, elle se réalise grâce à l'expression des ARNm maternels accumulés dans le cytoplasme au cours de l'ovogenèse (prévitellogenèse). Chez la plupart des groupes zoologiques (Amphibiens – Oursins...), la segmentation se déroule en effet sans fonctionnement des gènes paternels, et s'il y a variation progressive de l'expression génétique, c'est uniquement en raison d'un contrôle cytoplasmique de la traduction des ARNm maternels. Cependant, plus ou moins précocement, suivant les groupes zoologiques (dès la segmentation chez les

Mammifères, à la gastrulation chez les Amphibiens), les gènes embryonnaires vont être activés et la synthèse protéique va provenir de leur transcription et de leur traduction. On diagnostique alors (par immunocytochimie) la présence de protéines codées par les deux génomes paternels et maternels. Ces synthèses contribuent avec les phénomènes d'inductions à différencier les activités des cellules de l'embryon. Cette mise en action de l'expression du nouveau génome s'accompagne d'une régression de la totipotence qui est entraînée vraisemblablement par des informations cytoplasmiques de nature protéique. Des protéines non histones, différentes selon les régions réprimeraient de façon plus ou moins irréversible un certain nombre de gènes, sans doute en réorganisant structuralement la chromatine au sein des noyaux.

c/ Les étapes de la différenciation

La variété des ARNm présents dans les cellules embryonnaires diminue au cours du temps et les ARN nouveaux sont d'une variété beaucoup moins importante que les maternels accumulés au cours de la prévitellogenèse. Il y a donc un appauvrissement progressif de l'expression de l'information génétique qui correspond à la spécialisation qui s'installe. On conçoit en effet aisément que la somme d'informations nécessaire à la réalisation du développement embryonnaire soit de loin supérieure à celle utilisée dans une cellule spécialisée (tout se passe comme si dans la mémoire cellulaire, au cours du développement embryonnaire, seuls certains programmes spécialisés étaient puisés et injectés dans la mémoire vive pour s'exprimer sur "l'écran de l'organogenèse", avant d'être définitivement effacés, ou plutôt relégués dans un compartiment désormais inaccessible à l'état de gènes inactifs).

La spécialisation des cellules qui préside à la morphogenèse et à l'organogenèse se réalise par étapes successives sous l'influence d'abord du contenu cytoplasmique dû au partage de la segmentation, puis sous l'effet d'inducteurs pouvant éventuellement agir à distance, les cellules étant ainsi dans une position donnée soumises de façon précise à ces substances informatives. Les grands traits de l'organisation animale sont ainsi d'abord fixés (par exemple l'ébauche d'un membre de vertébré sera d'abord engagée dans le sens d'une différenciation membre antérieur ou membre postérieur), puis le déterminisme se fera de plus en plus précis, les cellules se verront alors dirigées dans une voie de différenciation les conduisant à un segment du membre, selon leur position proximale ou distale, antérieure ou postérieure dans l'ébauche.

La différenciation au niveau moléculaire correspond en fait à une diversification dans les activités génétiques des cellules. On pense que certains gènes spécialisés (gènes de développement à caractères régulateurs) sont impliqués dans le contrôle de la morphogenèse et de l'organogenèse embryonnaire. En effet, on a répertorié un certain nombre de ces gènes dits "**homéogènes**" (ex. : gènes bithorax de Drosophile), présentant de fortes similitudes séquentielles à travers la série animale (Drosophile – Mammifères...). L'expression de ceux-ci se solde par l'élaboration de protéines régulatrices dont certains domaines (**homéodomaines**) codés par des séquences précises (**homéobox**) se fixeraient sur des gènes cibles, contrôlant leur expression. On a pu également démontrer que l'organisation antéropostérieure du corps, ou bien de façon plus localisée, que l'axe proximodistal du bourgeon d'un membre étaient déterminés par l'expression combinée de ces types de gènes, certains n'étant exprimés par exemple que dans la région antérieure du corps, d'autres dans la région postérieure. Vraisemblablement, ces gènes seraient des intervenants tardifs dans le processus de la différenciation, et c'est la position d'une cellule à un moment donné qui déclencherait ou non leur expression. Ils seraient donc eux-mêmes soumis aux actions intercellulaires de type induction, leur expression étant contrôlée par la position précise des cellules à un instant donné.

On peut conclure que la position d'une cellule et son histoire sont donc les arguments essentiels de sa détermination.

Le déterminisme progressif qui gagne des territoires de plus en plus localisés serait donc dû aux influences des contenus cytoplasmiques sur les matériels génétiques. Les clivages cellulaires entraînent d'abord un partage non équitable du cytoplasme qui peut alors plus ou moins déterminer l'avenir des blastomères. L'évolution des différentes régions embryonnaires est ensuite réalisée par des influences à distance (limitée) entre territoires entraînant des migrations cellulaires (sans doute orientées par des gradients de substances spécifiques) et des inductions. Ainsi, dès le début de sa vie, le métazoaire apparaît comme un lieu de dialogue moléculaire important entre les territoires des divers feuillets. Ces courants d'informations seront, chez l'animal développé, relayés par les messages nerveux et humoraux qui maintiendront l'intégrité de l'organisme. La connaissance des messages intercellulaires sollicités dans l'embryogenèse est encore très limitée, néanmoins ils assurent le développement harmonieux de l'organisme et sont à l'embryon ce que sont à l'adulte hormones et neuromédiateurs.

2. Les modalités du développement embryonnaire

Si le développement embryonnaire des métazoaires se déroule suivant un scénario orchestré avec précision, comportant des étapes communes (segmentation – gastrulation...), les conditions de cette évolution varient de façon notable d'une espèce à l'autre. **La vie embryonnaire est en effet dépendante des modes et milieux de vie de l'adulte** ; c'est une étape fondamentale de laquelle dépend la pérennité de l'espèce. L'œuf et l'embryon sont d'emblée pourvus de structures adaptatives différentes suivant les groupes zoologiques, ce qui conditionnera les modalités de leur développement.

I – L'œuf conditionne le type de DE

1. L'oviparité initiale

a/ Un exemple : l'oursin

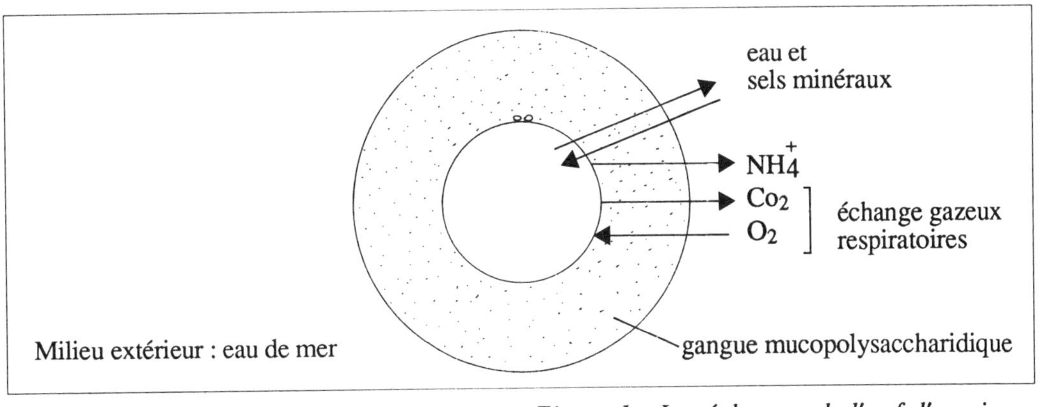

Figure 1 – Les échanges de l'œuf d'oursin

Le milieu marin, en raison de ses constantes physicochimiques est d'emblée apte à héberger des êtres unicellulaires ou pluricellulaires ayant un faible degré d'organisation (larves), il ne nécessite pas en effet la mise en jeu de processus régulateurs. La pression osmotique et la densité de l'eau de mer sont relativement proches de celles du contenu cellulaire ; **le milieu marin est diffusif pour les ions et les gaz dissous** ; les échanges respiratoires et excréteurs sont de ce fait rendus directement réalisables. Rien d'étonnant alors au fait que c'est en milieu marin que se réalise une simple oviparité comme c'est le cas chez l'Oursin, à partir d'un œuf pauvre en réserves (oligolécithe – cf. chapitre 1) et faiblement protégé par une gangue muqueuse. Un tel œuf, et l'embryon dont il dérive, se développent sur le peu de vitellus qu'ils contiennent, et grâce aux échanges réalisés directement avec le milieu marin (figure 1), la gangue assurant un "tamponnage" modeste des contraintes physicochimiques extérieures. Cette **oviparité primitive** libèrera la larve à un stade précoce du développement (blastula) qui continuera à bénéficier (mais cette fois sans la protection de la gangue) des conditions relativement clémentes du milieu marin. Un tel mode de développement a l'avantage d'être compatible avec une fourniture gamétogénétique femelle abondante, chaque œuf emportant peu de vitellus.

b/ Généralisation, intérêts

C'est en milieu marin uniquement qu'une oviparité primitive, utilisant un stock léger de vitellus (œufs oligolécithes et hétérolécithes de petite taille) est réalisable ; elle est observable chez de nombreuses espèces côtières à vie benthique rampante ou fixée. **L'importante dissémination** permise par le nombre élevé des ovocytes fournis dans le milieu donne à ces espèces au cours des générations successives une relative mobilité, le développement étant l'occasion d'une dispersion aléatoire en milieu marin, favorable à l'expansion de l'espèce. Il faut aussi remarquer que seuls, de tels œufs peu protégés permettent une fécondation externe rendue quasiment obligatoire chez des **animaux fixés ou peu mobiles**.

2. Augmentation des réserves et de la protection de l'œuf

Pour illustrer cette tendance évolutive à l'augmentation des réserves, qui va de pair avec un amoindrissement quantitatif de la gamétogenèse femelle, on peut l'observer dans divers embranchements du règne animal et tenter d'en tirer les intérêts adaptatifs essentiels.

a/ L'influence du mode et du milieu de vie chez les Mollusques

Chez les Mollusques, on peut considérer que l'œuf est primitivement hétérolécithe de taille modeste et fourni en grande quantité (c'est le cas chez la Moule par exemple). Ce type d'œuf présente les intérêts développés précédemment en rapport avec la vie marine benthique peu ou pas mobile menée par la plupart des représentants de cet embranchement.

➤ Influence du mode de vie

L'œuf de Seiche (figure 2) est de type télolécithe, il est fourni en petite quantité, mais protégé grâce à une coquille et par le comportement maternel (choix du lieu de ponte, surveillance chez certains céphalopodes).

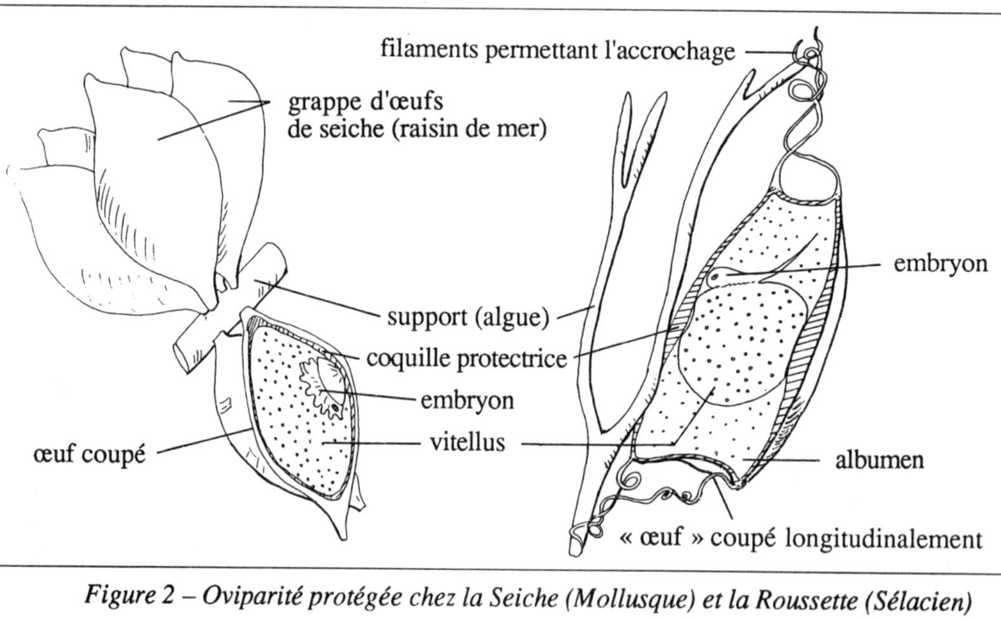

Figure 2 – Oviparité protégée chez la Seiche (Mollusque) et la Roussette (Sélacien)

L'importante masse de vitellus qu'il contient va conduire le développement jusqu'à la libération à l'**éclosion d'une jeune Seiche**, armée des mêmes adaptations que l'adulte. La fiabilité de la reproduction est donc augmentée par rapport à celle des Mollusques cités précédemment. Or, le milieu de vie est cependant le même. On peut voir dans cette modalité du développement (**développement direct**) une adaptation à la condition de **prédateur** des céphalopodes qui, situés près du sommet des pyramides alimentaires, sont faiblement représentés sur le plan démographique. La rencontre des partenaires sexuels est donc plus hasardeuse, toute perte démographique est d'emblée relativement importante, de telle sorte que les Céphalopodes présentent une plus grande vulnérabilité. Leur mode de reproduction, par sa fiabilité, compense cette fragilité, l'œuf et l'embryon abandonnent leur rôle disséminateur à l'adulte dont l'activité est essentiellement exploratrice (les mêmes remarques s'imposeraient chez les Vertébrés sélaciens, soumis à un mode de vie similaire) : cf. figure 2.

➤ Influence du milieu de vie

L'appareil génital de l'Escargot possède une glande de l'albumine qui sécrétera autour de l'œuf une enveloppe secondaire limitée par une membrane résistante, et fournissant à l'embryon un milieu aqueux d'incubation (figure 3). L'œuf est du type hétérolécithe, mais avec une charge vitelline plus importante que chez la plupart des Gastéropodes marins. A l'éclosion, c'est **un jeune escargot** qui sortira à travers la membrane de l'œuf, jouissant des mêmes adaptations que les adultes. Le développement embryonnaire s'est donc en réalité déroulé dans **un environnement hydrominéral** (l'albumen) protégé de la dessiccation par le "comportement maternel" de l'escargot qui pond ses œufs dans une cavité qu'il creuse dans la terre humide.

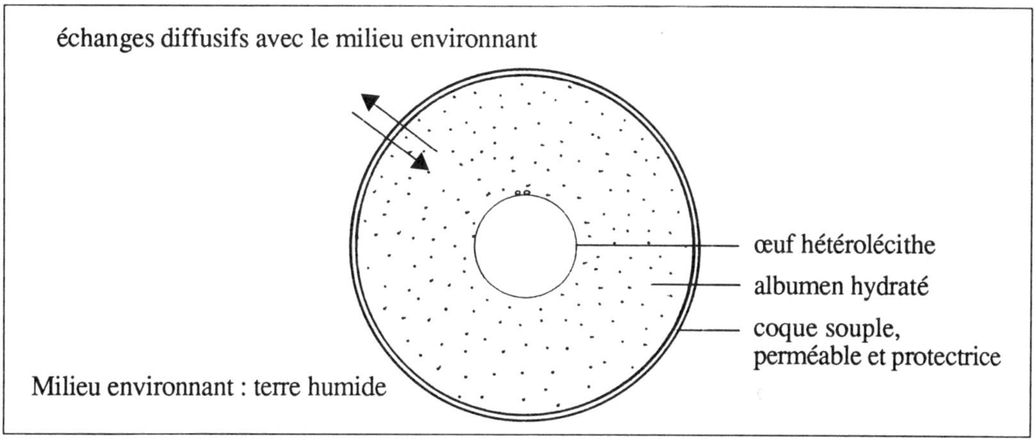

Figure 3 – L'« œuf » de l'escargot (Mollusque terrestre)

Le développement est donc devenu là aussi **direct**, fait imposé par la **vie en milieu aérien**, par ses contraintes physicochimiques, et en particulier par les risques de dessiccation qu'il comporte. Des larves peu organisées ne pourraient en effet survivre dans les conditions de ce milieu.

Le développement embryonnaire s'est donc adapté, à partir d'un modèle primitif, par variation de ses modalités, conséquence des modifications intervenues dans la vitellogenèse, et de la sécrétion de membranes protectrices. Chez les Vertébrés, on trouve d'emblée, sans doute en raison de leurs origines continentales dulcicoles et de la complexité de leur organisation, un œuf très riche en réserves (télolécithe), qui assurera un long développement embryonnaire. Chez les Téléostéens par exemple, les réserves permettront de libérer à l'éclosion un alevin qui pourra encore se développer grâce au vitellus abondant non consommé à ce stade, la fonction protectrice de l'œuf s'achève donc avant sa fonction nutritive.

L'intensité de la vitellogenèse apparaît fondamentale dans le conditionnement des modalités du développement. Le vitellus est comme une sorte de "**réservoir énergétique et matériel**" dont la capacité en réglant la longueur du développement conduira à l'obtention d'un être plus ou moins organisé à l'éclosion. On constate donc que, si la structure du spermatozoïde apparaît assez constante dans le règne animal, celle du gamète femelle est au contraire très variable et que son contenu, ainsi, impose un type de développement précis adapté. C'est l'évolution de la gamétogenèse femelle qui a donné à cette phase précoce de la vie des individus des diverses espèces d'être adaptée aux milieux et aux modes de vie des géniteurs. Les stades ultimes de ces tendances évolutives du renforcement de la protection et de la charge vitelline sont réalisés chez les espèces d'organisation complexe, et soumises à des conditions de vie sévères. Il n'est donc pas étonnant d'observer des œufs centrolécithes et télolécithes chez des animaux du milieu aérien. L'étude des Sauropsidés (Reptiles et Oiseaux) s'avère être la plus didactique en l'occurrence pour illustrer cette idée.

3. L'oviparité protégée des Sauropsidés

Nous prendrons comme exemple l'œuf d'oiseau (figure 4). C'est le jaune de l'"œuf" au sens commun du terme qui représente à lui seul en réalité le résultat de la fécondation de l'ovocyte ; il est donc l'œuf au sens biologique du terme. Outre la membrane vitelline qui l'entoure, il baigne dans une épaisse enveloppe albumineuse hydratée (blanc d'œuf), dans laquelle il est suspendu par un réseau fibreux protéique (les chalazes). Si chez les Reptiles, l'"œuf" est seulement limité par un sac fibreux souple, chez les Oiseaux, deux membranes coquillières, et une coquille calcaire poreuse en forment l'enveloppe extérieure. Une telle structure illustre à merveille les tendances évolutives vers **une meilleure protection de l'œuf, et à un allongement du développement embryonnaire**. Cet "œuf" est, de plus, chez les oiseaux, pris en charge par le comportement parental (nidification – couvaison).

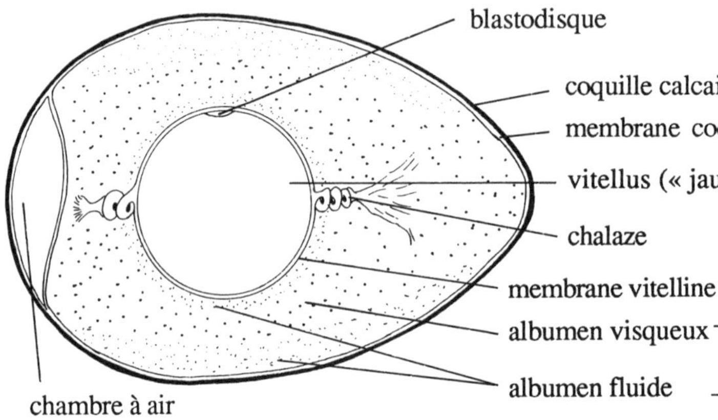

Figure 4 – L'« œuf » d'oiseau

Les réserves ovulaires (jaune) et extra-ovulaires (blanc, coquille) seront pour l'embryon un réservoir plastique et énergétique, dans lequel il puisera les nutriments nécessaires à l'édification de son organisme, et ce à l'abri des contraintes physico-chimiques du milieu aérien. En fait, dans ce cas, les membranes secondaires de l'œuf (blanc, membranes coquillières, coquille) assureront à la fois des fonctions nutritives et protectrices. L'"œuf" des Sauropsidés dénote un investissement supplémentaire important du tractus génital femelle dans la fonction reproductrice ; en effet, celui-ci va non seulement conduire l'œuf (rôle primordial de l'oviducte), mais sécréter autour de ce dernier des structures de réserve et de protection. Cette **oviparité protégée** n'est pas strictement l'apanage des Sauropsidés, on la retrouve chez des vertébrés primitifs comme les Sélaciens (cf. figure 2, "œuf" de Roussette). Pour ces poissons cartilagineux prédateurs, un tel œuf présente l'avantage de conduire le développement de façon fiable jusqu'à l'obtention d'un jeune. Les prédateurs, nous l'avons déjà dit, sont fragiles, en raison de leur position élevée dans les pyramides alimentaires et sont de ce fait plus aisément sujets à l'extinction de leur espèce, ce contre quoi les protège un tel œuf et les modalités du développement qu'il entraîne.

Une conclusion s'impose. Il y a une **convergence évolutive** des fonctions des tractus génitaux et des types d'œuf entre les Sélaciens et les Sauropsidés, bien que les "réponses adaptatives" soient relatives à des problèmes posés en termes très différents puisque un tel "œuf" est chez les uns adapté à leur état de prédateur et chez les autres à celui d'animaux du milieu aérien.

4. Perte des réserves et de la protection initiale : acquisition de la viviparité

L'ovulation libère chez les Mammifères euthériens un ovocyte de petite taille (100 microns de diamètre environ dans l'espèce humaine) qui n'a pas potentiellement dans son contenu cytoplasmique capacité à assurer un long développement embryonnaire. L'oviducte secrète autour de l'œuf un liquide albumineux de faible importance. L'embryon n'aura donc à sa disposition, ni réserves ovulaires importantes, ni sécrétions extra-ovulaires considérables. Pourtant le faible rythme mitotique rappelle l'origine télolécithe de cet œuf, encore présent chez les Mammifères primitifs (**protothériens**) comme l'Ornitorhynque. C'est donc par une perte évolutive de ses réserves que l'œuf des Mammifères **métathériens** (= marsupiaux) et **euthériens** est désormais quasiment démuni de vitellus, d'où sa qualification d'œuf **alécithe** (étymologiquement privé de vitellus). Si l'œuf a ainsi perdu ses propriétés protectrices et nutritives initiales chez les mammifères, le fait est à relier de façon évidente à l'acquisition de la viviparité. Désormais, ce sont les voies génitales de la femelle qui forment un organe (l'utérus) capable de protéger et nourrir l'embryon au cours de tout son développement jusqu'à l'obtention d'un jeune. En un mot, la viviparité s'est imposée. L'organisme maternel va en quelque sorte fournir à la demande les nutriments, au lieu de les accumuler de façon anticipée comme c'était le cas avec l'oviparité.

Les modalités du développement embryonnaire sont donc conditionnées par le fonctionnement de l'appareil génital femelle. L'ovaire peut fournir des ovules plus ou moins riches en vitellus, ce qui conditionne à la fois leur nombre et leur capacité à assumer un plus ou moins long développement embryonnaire. Les voies génitales, femelles, peuvent acquérir, au-delà de leur simple rôle conducteur, des fonctions annexes de sécrétions de réserves ou d'élaboration de structures protectrices, avant d'assurer directement, grâce à un organe spécialisé (le placenta), toute la nutrition de l'embryon implanté en leur sein. L'ensemble de ces adaptations acquises par le tractus génital femelle souligne l'importance de la pression sélective qui règne sur cette étape clef de la vie de l'animal qu'est son développement initial.

Le tractus génital femelle s'est modelé en fonction des milieux et modes de vie des animaux, donnant toujours à la reproduction sexuée une grande fiabilité dans le cadre imposé de sa réalisation.

Les réponses adaptatives, bien que variées, présentent cependant de fréquentes similitudes et soulignent la notion de **convergence évolutive**, qui atteste du nombre limité des solutions envisageables capables de répondre à un ensemble de contraintes données.

II – Le développement embryonnaire des Sauropsidés : notion d'annexe embryonnaire

1. Les données du problème

Les **Sauropsidés** (Reptiles et Oiseaux) sont fondamentalement ovipares. Au contraire des Amphibiens, ils ne sont plus du tout tributaires du milieu aquatique en ce qui concerne leur reproduction. Leur "œuf" se développe en milieu aérien.

a/ Le milieu aérien : les problèmes posés

L'atmosphère est un milieu très diffusif, la pression partielle de l'oxygène y est vingt à trente fois plus élevée que dans l'eau ; cependant, c'est un milieu dans lequel les formes de vie peu organisées ne peuvent survivre. En effet, le caractère essentiel de l'air est sa **fréquente sous-saturation en eau**, d'où les risques de dessiccation qu'il fait subir à toutes les formes de vie, puisque toute vie active ne se conçoit qu'à partir d'un certain degré d'hydratation. D'autre part, les fluctuations physicochimiques sont importantes, ainsi que les effets mécaniques de la pesanteur non amortis par une importante poussée d'Archimède comme celle développée en milieu aquatique. Enfin, **l'air très diffusif pour les molécules gazeuses s'oppose par contre à la dispersion des ions, qui ne peuvent être échangés qu'à l'état dissous.**

Le développement embryonnaire des Sauropsidés donne naissance à un jeune possédant déjà un degré d'organisation suffisant pour faire face à ces caractéristiques physicochimiques du milieu aérien. Un tel être n'a pu être édifié qu'à la suite d'un développement suffisamment long impliquant l'utilisation de réserves abondantes, et qui s'est construit à l'abri d'une protection efficace, à partir d'une nécessaire réserve hydrique.

b/ La situation des réserves

L'observation de l'"œuf" des Sauropsidés lors de l'oviposition (la ponte de l'oiseau dans le langage commun), alors que le disque embryonnaire a commencé sa segmentation, nous montre que les réserves ovulaires importantes, essentiellement lipidiques (lécithines) et protéiques, qui forment le jaune de l'œuf, se trouvent à l'extérieur de l'embryon : elles sont dites **extra-embryonnaires** et **intra-ovulaires**. Le blanc de l'œuf et la coquille calcaire représentent aussi, outre leur caractère protecteur, des réserves substantielles en eau, sels minéraux ($CaCO_3$ de la coquille) et protéines (ovalbumine). Ces produits, à la disposition de l'embryon, sont toutefois extra-embryonnaires et même **extra-ovulaires**. Le problème des moyens mis en jeu pour l'utilisation de l'ensemble des substances nutritives se trouve donc posé en raison de leur position.

2. Le drainage des réserves ovulaires

Chez l'œuf de poule pris comme exemple, le développement est réalisé lors d'une incubation à température constante permise par le comportement de **couvaison**. Après environ 20 à 24 heures d'incubation, alors que l'embryon subit la neurulation et la somitisation, les feuillets endoblastiques et splanchnopleuraux s'étendent sur le jaune de l'œuf qu'ils englobent progressivement (figure 5) : c'est la formation de la **vésicule vitelline**. A partir de ce moment, on pourra distinguer la zone strictement embryonnaire des territoires extra-embryonnaires.

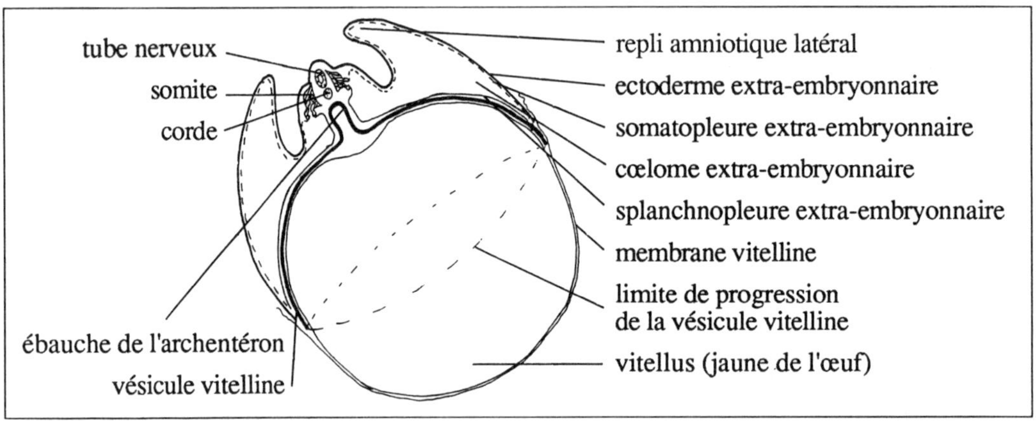

Figure 5 – Formation de la vésicule vitelline

La fonction de cette annexe embryonnaire s'illustre par l'organisation précoce dans son feuillet splanchnopleural des premiers éléments et vaisseaux sanguins qui constitueront progressivement les **veines vitellines** (ou omphalomésentérique). Les premiers battements cardiaques propulseront bientôt le sang dans cette circulation omphalomésentérique formée par un réseau artériel et veineux capillarisé qui strie progressivement de ses filets rouges le disque, puis la poche vitelline, tandis qu'elle englobe le vitellus. Le feuillet endoblastique de cette annexe, quant à lui, secrète des enzymes digestives qui digèrent le vitellus. La vésicule vitelline apparaît alors comme une **surface d'échanges trophiques**, comparable dans ses fonctions à un intestin qui hydrolyse les aliments et absorbe les métabolites libérés. Ainsi, les réserves ovulaires extra-embryonnaires peuvent-elles être utilisées. Pendant ce temps, l'embryon se soulève progressivement au-dessus du jaune en se pédiculisant ; son volume augmentant, on pourrait craindre qu'il ne vienne s'appuyer contre la surface interne de la coquille et de ses membranes. Il n'en est rien, car un second système d'annexes va venir l'englober et le protéger mécaniquement.

3. La protection et l'Amnios

C'est à partir de 30 heures d'incubation que se développe la cavité amniotique limitée par une structure en coupole surplombant l'embryon. Alors que sa vésicule vitelline n'a pas encore achevé son développement, l'embryon se voit progressivement enfermé par les replis (antérieurs et postérieurs puis latéraux) des territoires extra-embryonnaires ectoblastiques et somatopleuraux qui vont former autour de lui une sorte de vague annulaire l'englobant progressivement tout en emprisonnant un liquide extrait de l'albumen, à savoir le **liquide amniotique** (figure 6). A 100 heures d'incubation, la cavité amniotique est réalisée. Alors que s'ébauchent, au niveau du cou, des fentes branchiales qui ne seront jamais fonctionnelles, l'embryon connaît désormais un milieu de vie "aquatique" rappelant les conditions de vie ancestrales des vertébrés. L'Amnios et sa cavité sont donc un rappel ontogénique de la phylogenèse de l'embranchement.

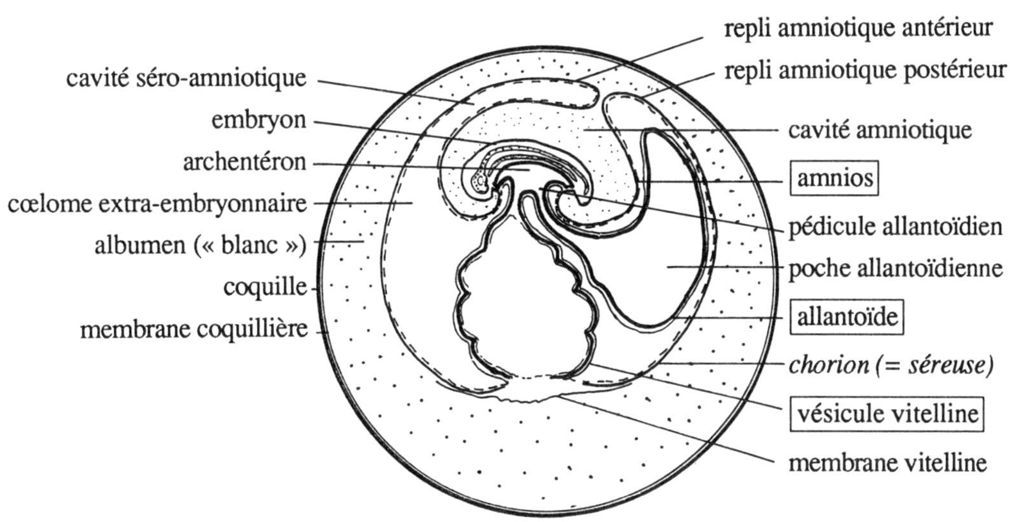

Figure 6 – Formation de l'Amnios : coupe transversale de l'« œuf » d'oiseau

L'embryon pédiculisé au-dessus du jaune est désormais contenu dans la "cloche" amniotique limitée par l'**Amnios** (ectoblaste + somatopleure) doublée par le **chorion** (somatopleure + ectoblaste) dit encore séreuse de Von Baer qui sera progressivement repoussé vers la coquille par le développement de l'allantoïde (cf. chapitre 2, §II, 4.) dans tout le cœlome extra-embryonnaire y compris la cavité séro-amniotique.

L'Amnios et sa cavité, en recréant un micro-environnement aqueux autour de l'embryon symbolisent le fait que **le développement de l'espèce se trouve désormais affranchi du milieu aquatique**. Les vertébrés munis de l'Amnios sont des Amniotes. Ce groupe comprend les classes suivantes : Reptiles, Oiseaux, Mammifères. On peut au passage noter la convergence évolutive avec les insectes qui possèdent une structure analogue à l'Amnios des vertébrés mais, située du côté ventral (plan hyponeurien) et structurée différemment. L'usage veut d'ailleurs que l'on nomme cette structure protectrice des insectes l'amnios, mais sans majuscule.

Protégé et nourri, grâce aux réserves vitellines, l'embryon va ainsi subir un long développement dont les conséquences vont être une amplification progressive de ses fonctions de nutrition. Si, au début, les besoins en oxygène réduits sont assurés par simple diffusion à travers la coquille poreuse, l'oxygène étant capté de façon privilégiée au niveau de la circulation vitelline, dès que l'embryon atteint un certain volume et qu'il est formé de cellules aux besoins métaboliques élevés, d'autres solutions s'imposent. Par ailleurs, la production de déchets métaboliques non diffusibles à travers la coquille augmente. À ces problèmes de respiration et d'excrétion, **l'allantoïde** va apporter une solution.

4. L'Allantoïde

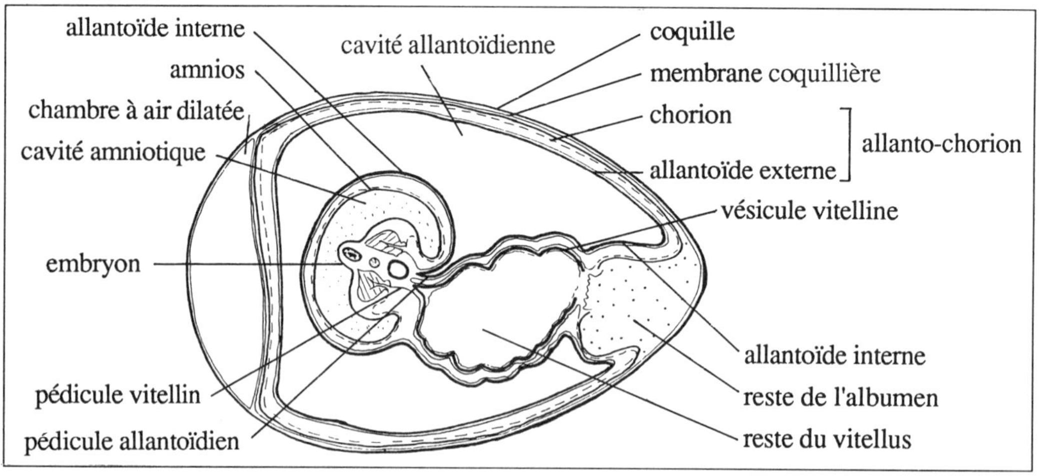

Figure 7 – L'« œuf » d'oiseau (Poule) à 14 jours d'incubation (coupe longitudinale)

Dès 60 heures d'incubation, un diverticule endoblastique repoussant la splanchnopleure se développe ventralement au niveau du tiers postérieur de l'Archentéron (figure 6) ; il forme rapidement une vésicule qui envahit l'ensemble du cœlome extra-embryonnaire, y compris la cavité séro-amniotique. Cette annexe est l'allantoïde ; elle possède, comme la vésicule vitelline, un feuillet splanchnopleural **rapidement vascularisé**, et va donc de ce fait contribuer à former la deuxième surface d'échanges extra-embryonnaire. L'allantoïde externe plaquée contre le chorion formera la partie essentielle de cette structure d'échange : c'est **l'Allantochorion** qui assurera à travers la coquille poreuse les échanges gazeux respiratoires, en même temps qu'il permettra de puiser les sels minéraux de la coquille, qui drainés vers l'embryon par le courant circulatoire assureront l'édification du squelette du poussin. L'Allantoïde interne plaquée contre la vésicule vitelline, et avec le chorion sur l'albumen, contribuera à l'utilisation des réserves, en particulier des protéines extra-ovulaires. On peut remarquer également que l'Allantoïde interne double l'Amnios. Au fur et à mesure de son développement, l'Allantoïde développe une surface respiratoire de plus en plus importante en repoussant l'ovalbumine vers le petit bout de l'œuf, ce qui amplifie les échanges gazeux et les harmonise aux besoins d'un embryon de plus en plus exigeant. Par ailleurs, l'érosion de la coquille la prépare progressivement à l'éclosion, le jeune poussin pourra, grâce à une aspérité de son bec (le diamant), asséner des coups de boutoirs dus aux contractions de ses muscles nuccaux, et ainsi briser une coquille très fragilisée. Cette annexe répond donc aux problèmes respiratoires, tout en contribuant aux nutritions hydrominérale et protéique (ovalbumine) de l'embryon. Son ultime fonction, non moins fondamentale, est excrétrice. Le catabolisme des acides aminés libère par désamination l'ammoniaque (NH_4^+); ion de haute toxicité, non diffusible à travers la coquille dans le milieu aérien. En fait, cet ion est immédiatement converti au niveau hépatique en acide urique, éliminé par les reins embryonnaires dont les uretères se déversent dans la partie postérieure de l'Archentéron. L'urine riche en acide urique s'accumule donc progressivement dans l'Allantoïde. A l'éclosion, la réabsorption de l'eau, drainée vers l'embryon à partir de cette sorte de "vessie embryonnaire" que réalise la poche allantoïdienne, entraînera une **cristallisation de l'acide urique**, qui sera ainsi abandonné à l'état de **précipité solide** dans l'Allantoïde desséchée plaquée contre la coquille de l'œuf.

L'uricotélie représenterait en fait une forme de solution possible au problème posé de l'excrétion en "vase clos". Dans de telles conditions, la ségrégation des produits toxiques s'impose car ceux-ci, ne pouvant être éliminés, doivent être en quelque sorte "remisés" en un lieu (la cavité allantoïdienne), isolés par des barrières qu'ils ne peuvent franchir (feuillets allantoïdiens). De grandes quantités de déchets peuvent ainsi être stockées, grâce à leur état solide. L'uricotélie est donc vraisemblablement d'abord une adaptation qui chez les Sauropsidés est imposée par leur développement embryonnaire en "vase clos", et ce n'est que secondairement qu'elle les adapte au milieu aérien. En effet, les Mammifères, vivipares, seront, tout comme les Batraciens, uréotèles, et feront ainsi l'économie métabolique de la conversion de l'ensemble des déchets métaboliques azotés en acide urique.

Au bout de 21 jours d'incubation, le poussin éclora donc, à sec, abandonnant dans sa coquille vide l'Amnios, le chorion et l'Allantoïde. Il ne conservera qu'environ un tiers du jaune qui sera résorbé dans son abdomen et assurera la nutrition au cours de sa première journée de vie néonatale, le temps qu'il "apprenne à picorer". Au cours de ces trois semaines, l'"œuf" de poule de 60 grammes aura consommé 6 litres d'oxygène, rejeté 4,5 litres de CO_2 et 11 litres de vapeur d'eau, ce qui explique le poids du poussin nouveau-né : seulement 39 grammes. La perte volumique du contenu de l'œuf sera compensée par la dilatation de la chambre à air, compartiment relié à l'atmosphère par tous les pores de la coquille, et qui sera utilisée par la respiration pulmonaire de l'embryon dès le 19ème jour d'incubation, alors qu'il aura percé la membrane coquillière et introduit son bec dans cette chambre. Le jeune poussin naît donc après avoir utilisé la quasi-totalité des réserves de l'œuf (au sens large) ; il s'agit d'un être organisé, présentant les mêmes adaptations que l'adulte et apte à faire face aux exigences du milieu aérien. **L'œuf des Sauropsidés, par le renforcement évident des fonctions protectrices et nutritives qu'il illustre, a été pour les vertébrés une acquisition essentielle dans leur émancipation par rapport au milieu aquatique.**

III – Les Mammifères Euthériens et la viviparité

1. La mise en place de l'appareil placentaire

a/ Segmentation et nidation

• L'utérus en tant qu'effecteur des hormones ovariennes a subi une préparation à la gestation. Sa muqueuse qui a proliféré sous l'action des œstrogènes est maintenue "congestionnée" par la progestérone. La musculeuse est au repos. L'embryon va donc pouvoir trouver un "accueil" favorable à la poursuite de son développement, le conjonctif utérin présentant toutes les caractéristiques d'un tissu nourricier (riche vascularisation, glandes à glycogène...).

• L'ovocyte fécondé dans le tiers supérieur de la trompe de Fallope chez la femme (figure 8) est muni de son enveloppe primaire (la zone pellucide) et d'une enveloppe secondaire : la corona radiata. Après soulèvement de la membrane de fécondation, il va aborder sa phase de segmentation. La polarité de l'œuf et son faible rythme mitotique témoignent du caractère secondaire de son état alécithe. Dans l'espèce humaine, le stade deux blastomères est atteint vers 30 heures après la fécondation, il faudra attendre quatre jours pour obtenir une morula constituée de 16 cellules. Cinq jours après la ponte, le massif embryonnaire qui a désormais perdu l'ensemble de ses enveloppes se creuse d'une cavité (le Blastocœle primaire) et devient un blastocyste libre constitué d'une couche : le trophoblaste et d'un agrégat cellulaire qui sera à lui seul à l'origine de tout l'embryon : **le bouton embryonnaire**. C'est dans cet état que l'embryon rencontrera la muqueuse utérine préparée et que se produira la **nidation**.

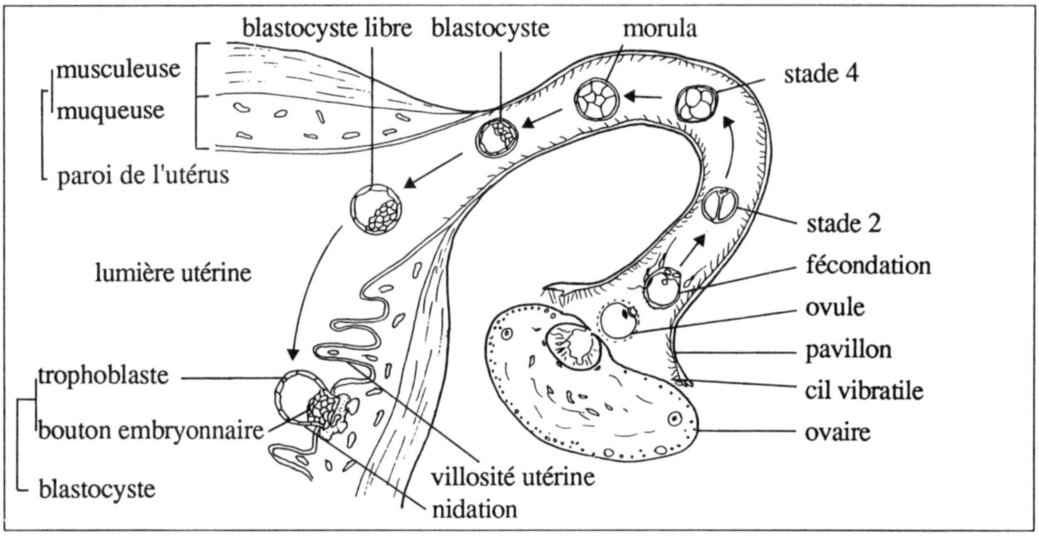

Figure 8 – De la ponte ovulaire à la nidation dans l'utérus chez la femme

La nidation implique d'abord une adsorption du trophoblaste sur la muqueuse utérine qui nécessite vraisemblablement une reconnaissance spécifique. Quoiqu'il en soit, le contact va modifier l'activité des structures maternelles et embryonnaires. L'utérus va répondre à cette agression par la réaction déciduale (non spécifique, elle peut être déclenchée par une simple piqûre) qui consiste en une prolifération cellulaire englobant la blastocyste "à la manière dont les pseudopodes d'une amibe phagocytent une bactérie". Le trophoblaste va lui aussi réagir, par une amplification du rythme de ses mitoses qui se solde par l'élaboration d'une structure syncytiale (**Syncytiotrophoblaste**) d'abord ébauchée dans la zone de contact, elle enveloppera progressivement tout l'embryon. Ainsi, le blastocyste aura-t-il pénétré, comme par effraction, à travers la muqueuse utérine dans laquelle il se trouve désormais implanté : ce phénomène qui se déroule du 7ème au 14ème jour après la fécondation est appelé **Nidation** (figure 9).

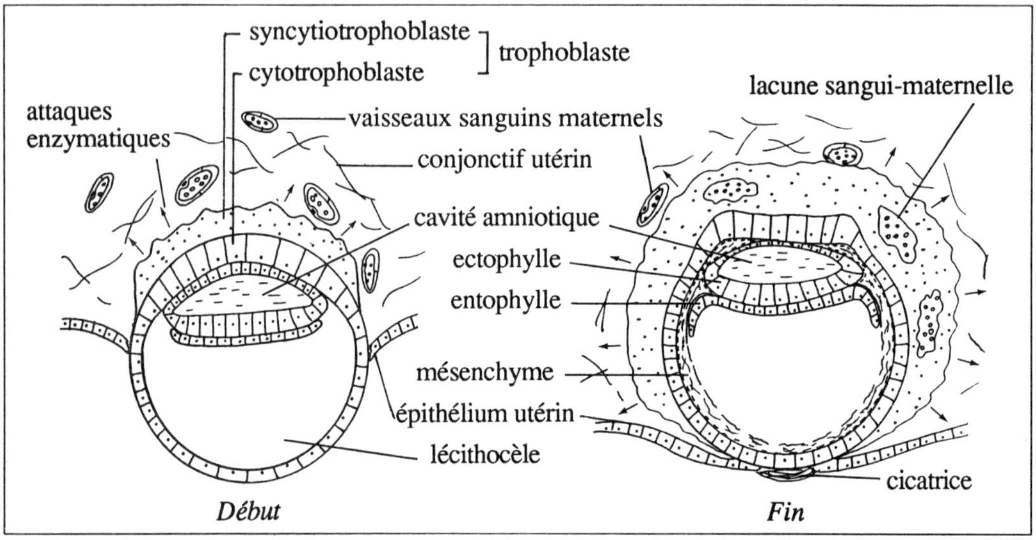

Figure 9 – La nidation (chez la femme)

Selon les espèces, le syncytiotrophoblaste élabore des enzymes digestives qui attaquent plus ou moins profondément la muqueuse utérine ; dans l'espèce humaine, la digestion fera disparaître jusqu'à l'endothélium des capillaires maternels, dont le sang se répandra dans les lacunes du syncytiotrophoblaste (**placenta hémochorial**). Un tel phénomène est sur le plan biologique source d'interrogations.

En effet, on observe au cours de la nidation l'établissement de contacts intimes entre des tissus normalement incompatibles pour une greffe sur le plan immunologique, puisque le syncytiotrophoblaste est censé posséder des marqueurs superficiels (complexes majeurs d'histo-incompatibilité) codés à la fois par les génomes paternels et maternels. Eclairer la manière dont le blastocyste masque son origine étrangère pourrait peut-être conduire à l'amélioration des techniques de greffe ou encore à une meilleure compréhension des moyens par lesquels les tumeurs cancéreuses arrivent à envahir les tissus sains, malgré la modification de leurs marqueurs immunologiques superficiels.

b/ La formation des annexes embryonnaires et l'édification du placenta

➤ La formation des annexes

Dès son implantation dans la muqueuse utérine, alors que le bouton embryonnaire n'a pas encore entamé le processus de gastrulation, l'ébauche des annexes s'édifie, illustrant par cette précocité de développement l'urgence de l'établissement d'échanges entre l'embryon et l'utérus. Il faut rappeler en effet que l'ensemble du développement s'est jusqu'à présent réalisé sur le peu de réserves que contenait l'œuf alécithe, complémentées par les faibles sécrétions oviductaires. Une cavitation du bouton embryonnaire crée la poche amniotique, dont le plancher qui donnera seul l'embryon, est homologue de la zone pellucide du disque embryonnaire des Sauropsidés. Une délamination de ce plancher met en place un deuxième feuillet (l'entophylle) qui donnera tout l'endoblaste. Des cellules éparses de type mésenchymateux et dont l'origine est incertaine viennent doubler tous les feuillets ; elles représentent en fait le mésoblaste extra-embryonnaire, qui en s'accolant au **cytotrophoblaste** formera le chorion. L'entophylle doublé du mésenchyme enveloppe la cavité centrale du blastocyste ou lécithocœle primaire ; ce phénomène est tout à fait homologue de la formation de la vésicule vitelline des oiseaux. Enfin, 17 jours après la fécondation, un pédicule allantoïdien se développe et envahit le cœlome extra-embryonnaire qui s'est créé entre la vésicule vitelline et le chorion (figure 10).

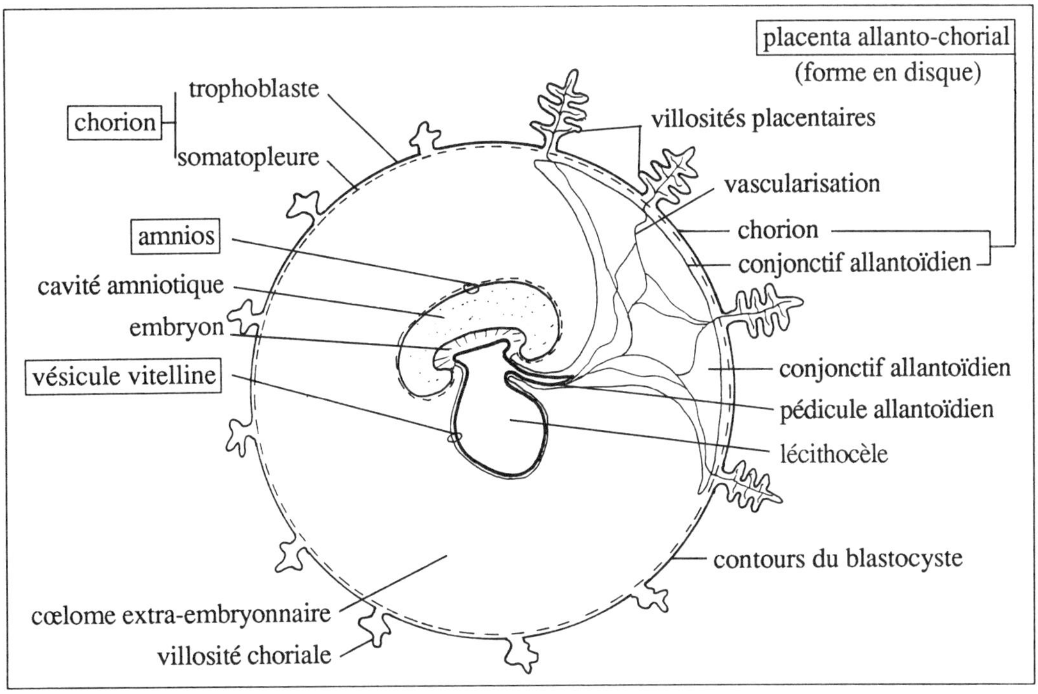

Figure 10 – La formation du placenta dans l'espèce humaine

Il y a donc une homologie parfaite au niveau des trois annexes embryonnaires fondamentales de tous les Amniotes. Le développement embryonnaire des mammifères présente des similitudes notables avec celui des Sauropsidés. L'organisation d'un sac vitellin, autour d'une cavité (lécithocœle) démunie de vitellus est significative de la perte secondaire des réserves qu'a subie l'œuf au cours de son évolution vers la viviparité. La précocité du développement des annexes, antérieur à celui de l'embryon, (Amnios, vésicule vitelline et Allantoïde sont édifiées au cours des deux premières semaines de gestation, alors que la gastrulation ne sera ébauchée qu'à partir de la troisième semaine) démontre l'urgence de l'élaboration des surfaces d'échanges nécessaires sans lesquelles l'embryon ne pourrait se développer.

➤ L'origine du placenta

Le placenta, ou plutôt l'appareil placentaire, est toujours constitué de deux fractions : l'une d'origine utérine : le placenta maternel ; l'autre provenant de l'embryon : le placenta fœtal. C'est la formation de la partie fœtale du placenta qui est essentielle. Le placenta, organe d'échange, est obligatoirement vascularisé ; cette nécessité prédispose à l'état de candidates potentielles à sa formation deux annexes comportant un feuillet splanchnopleural : la vésicule vitelline et l'Allantoïde. Chez les Mammifères, c'est d'ailleurs toujours au niveau de la vésicule vitelline que s'ébauche l'appareil circulatoire (îlots de Wolff) ; cette annexe a d'une certaine manière l'avantage de la précocité de son développement ; c'est peut-être ce qui explique que le placenta est d'abord d'origine vitelline chez les Métathériens (= Marsupiaux) où se forme un **omphaloplacenta** (= placenta vitellin) organisé par le contact vésicule vitelline-chorion. Cependant, ce placenta n'a pas eu la réussite évolutive que pouvait laisser envisager sa précocité ; en effet, c'est, pour des raisons d'ailleurs mal cernées, l'Allantoïde qui va rapidement être à l'origine de la placentation. Dès l'état Métathérien (ex. : dans le genre Perameles), l'Allantoïde développée peut venir au contact du chorion, engendrant la formation d'un **placenta allantochorial** qui s'imposera chez les Euthériens. Jamais, en effet, le placenta vitellin ne peut réaliser une longue gestation, et chez les Marsupiaux, c'est un véritable prématuré ("larve marsupiale") qui sera mis bas et devra achever son développement dans le **marsupium** de la mère qu'il gagnera par ses propres moyens.

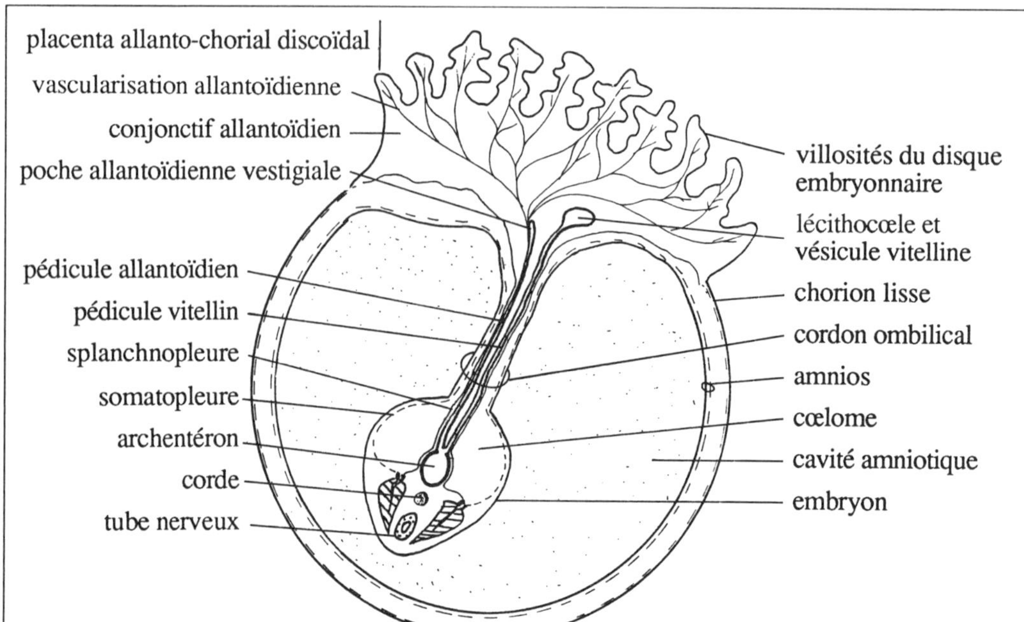

Figure 11 – Coupe du blastocyste après édification du placenta (espèce humaine)

Le placenta des euthériens est donc un placenta Allantochorial. La poche allantoïdienne, qui ne jouera plus comme chez les Sauropsidés de fonction excrétrice, va désormais régresser, et c'est le conjonctif vasculaire issu de sa splanchnopleure qui va, en se plaquant contre le chorion muni de villosités, permettre les échanges materno-fœtaux (figure 10). Ainsi, chez l'Homme, c'est la cavité amniotique qui est développée (figure 11) ; les poches vitellines et allantoïdiennes sont vestigiales. Cette disproportion morpho-anatomique ne doit pas cependant nous faire perdre de vue les fonctions essentielles des deux autres annexes ; en effet, la vésicule vitelline est toujours à l'origine de la formation de l'appareil circulatoire, et l'allantoïde engendre de façon constante le placenta fœtal dont les fonctions d'échanges sont assurées grâce à sa vascularisation splanchnopleurale.

2. *Les fonctions trophiques du placenta*

a/ Le filtre placentaire

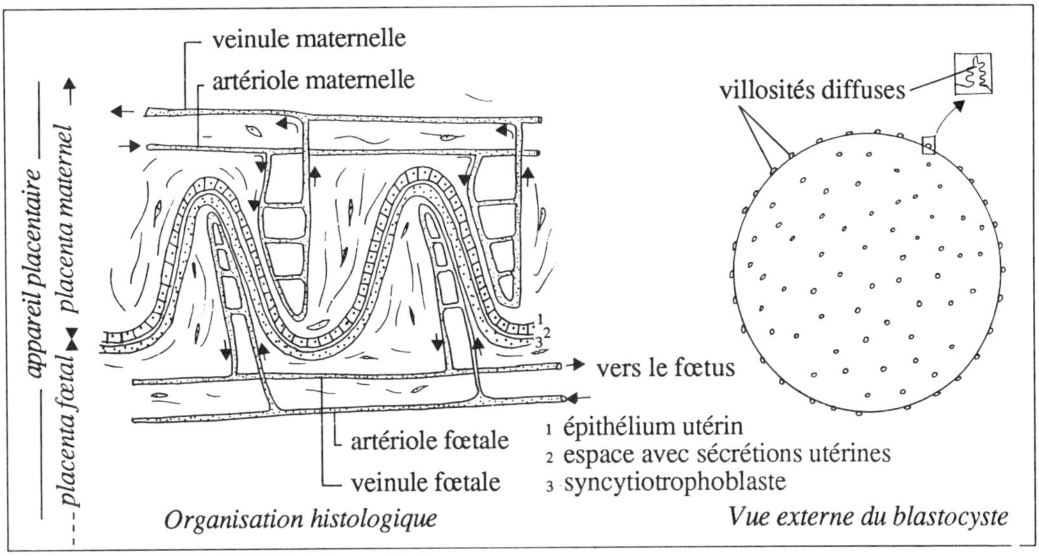

Figure 12 – Placenta épithéliochorial et diffus

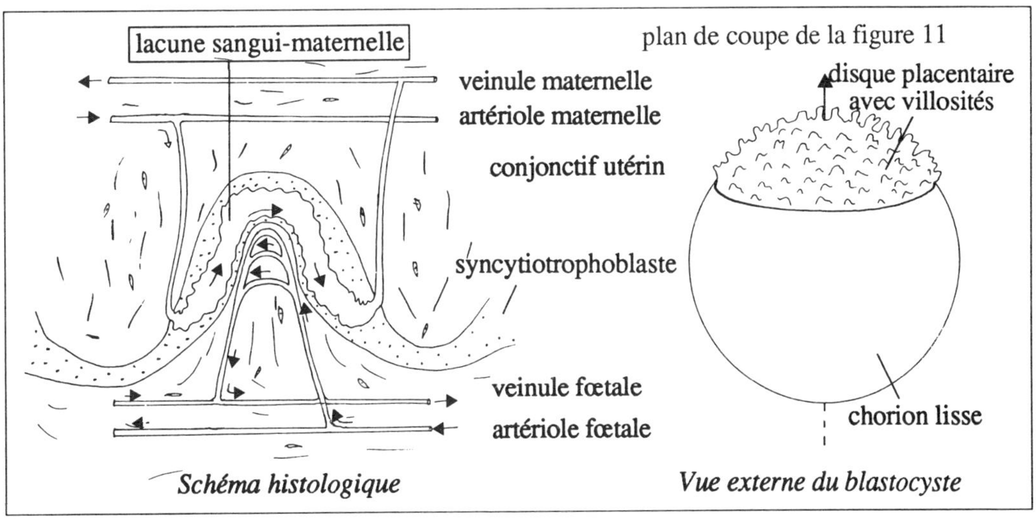

Figure 13 – Placenta hémochorial et discoïdal

• Le degré de pénétration du blastocyste dans la muqueuse utérine, au cours de la nidation, varie selon les groupes de Mammifères, et ce en fonction de l'action digestive plus ou moins importante des enzymes sécrétées par le trophoblaste. Schématiquement, le chorion pourra atteindre des niveaux plus ou moins profonds dans l'utérus :

– s'il reste seulement au contact de l'épithélium utérin, on parlera de **placenta épithéliochorial** (figure 12) ;

– s'il digère, au moins localement l'épithélium, et vient donc au contact du conjonctif utérin, on le dit **conjonctivochorial** (= mésochorial). Si l'attaque est plus importante, et que le trophoblaste s'applique contre l'endothélium des capillaires maternels, le placenta recevra le qualificatif **d'endothéliochorial** ; enfin, si l'endothélium, étant lui-même digéré, les lacunes de sang maternel baignent directement, le syncytiotrophoblaste, devenu le seul filtre entre les deux milieux intérieurs maternel et fœtal, on parlera de **placenta hémochorial** (figure 13).

• Ces modifications s'accompagnent également d'une répartition différente des villosités placentaires dont la fonction est d'amplifier la surface d'échange. Les villosités peuvent occuper :

– toutes les surfaces de blastocyste : placenta **diffus** (figure 12)
– des régions spécialisées (les cotylédons) : placenta **cotylédonaire**
– un anneau autour du blastocyste : placenta **zonaire**
– un disque : placenta **discoïdal** (figure 13).

Le tableau suivant résume la répartition des types de placenta selon les groupes zoologiques. Pour les placentas épichorial et conjonctivochorial à la parturition, aucune rupture vasculaire maternelle ne se produira, l'utérus ne perdra pas de sa masse ; il n'aura pas de caduque, et c'est pourquoi le placenta est qualifié d'**indécidué**.

	degré de contact	*disposition des villosités*	*exemples*
placentas indécidués	épithéliochorial conjonctivochorial	diffus cotylédonaire	cétacés, truie, jument, ruminants
placentas décidués	endochorial hémochorial	zonaire discoïdal	carnivores, rongeurs, primates (homme)

Au contraire, pour les placentas **décidués**, l'utérus subira une hémorragie lors de la parturition, et abandonnera une partie du placenta maternel ou caduque = décidue.

On remarquera que, même dans le placenta de type hémochorial, il n'y a jamais mélange des deux sangs (maternel et fœtal), et c'est en dernier recours le syncytiotrophoblaste (le cytotrophoblaste dégénère fréquemment) qui assure la fonction de **filtre placentaire**. Malgré la diversité des placentas, leur physiologie est comparable, et les échanges qu'ils autorisent conduisent jusqu'à son terme le développement de l'embryon.

b/ Les échanges placentaires

➤ Les échanges trophiques

L'ensemble des substances nécessaires au développement de l'embryon (eau – sels minéraux – métabolites – vitamines) est fourni par la mère au fœtus, à travers le filtre placentaire. Le placenta peut même accumuler des vitamines et des oligo-éléments qu'il tiendra en réserve pour l'embryon lors de carences alimentaires maternelles. L'ensemble des réserves maternelles sera, grâce à cet organe d'échange, mis de façon privilégiée à la disposition du fœtus, y compris le stock calcique que représentent les formations squelettiques maternelles. Sur le plan strictement trophique, il n'y a donc pas échange, mais seulement fourniture de nutriments au fœtus qui exploite à la manière d'un "parasite" l'organisme maternel.

➤ L'excrétion

Les déchets azotés du fœtus (ammoniaque – urée – acide urique...) ne seront pas ou peu éliminés par ses reins (la poche allantoïdienne, véritable vessie embryonnaire des Sauropsidés est souvent très réduite). C'est à travers le placenta qu'ils seront exportés vers le sang de la mère qui les éliminera au niveau de ses propres reins.

➤ La respiration

L'hémoglobine fœtale (HbF) est légèrement différente de celle de la mère (HbA) et présente une courbe de saturation déviée vers la gauche (figure 14), ce qui explique les diffusions de l'oxygène du sang maternel au sang fœtal à travers le trophoblaste, le CO_2 suivant le chemin inverse. D'autre part, la circulation fœtale modifiée (figure 15) permet de "court-circuiter" la circulation pulmonaire. Les poumons sont en fait inefficients au cours de la vie fœtale, et la petite boucle circulatoire est traversée par un flux sanguin négligeable.

Topographie / Fonctions	Compartiment maternel	Barrière placentaire	Compartiment fœtal
Nutrition	eau sels minéraux • plastiques • macro & oligo dyn. substances organiques • glucides • lipides • protides • vitamines	→	
Respiration	HbA O_2	→ ←	HbF CO_2
Excrétion		←	• urée, NH_4^+ • acide urique
Hormones		⇄ échanges synthèses	⇄
Immunitaires	immunoglobulines (anticorps mat.)	→	
Eventuellement	agents pathogènes toxines – drogues	→	

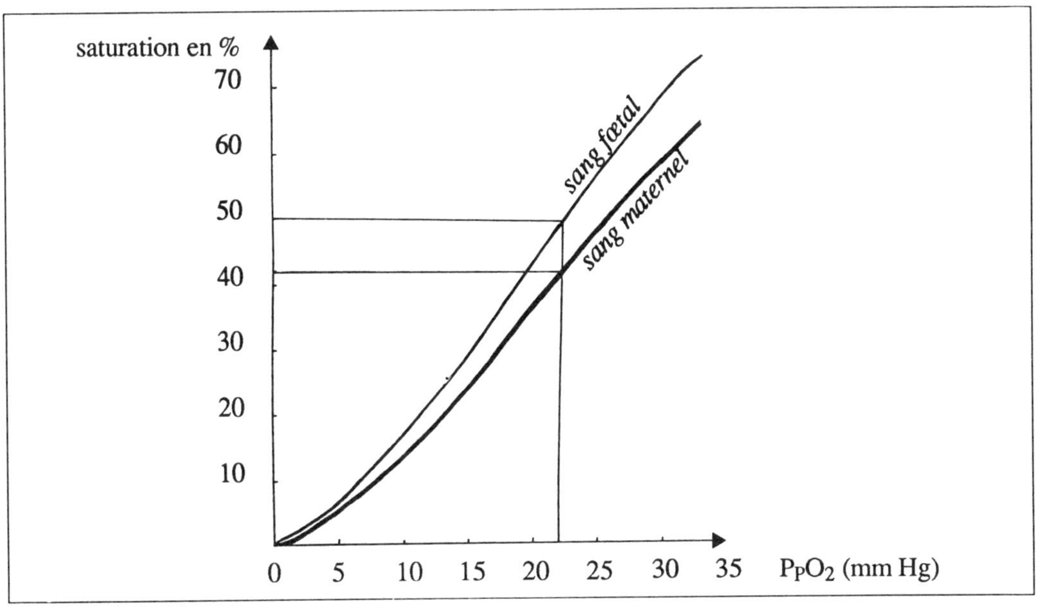

Figure 14 – Courbes de dissociation de l'oxyhémoglobine, dans le sang fœtal et le sang maternel

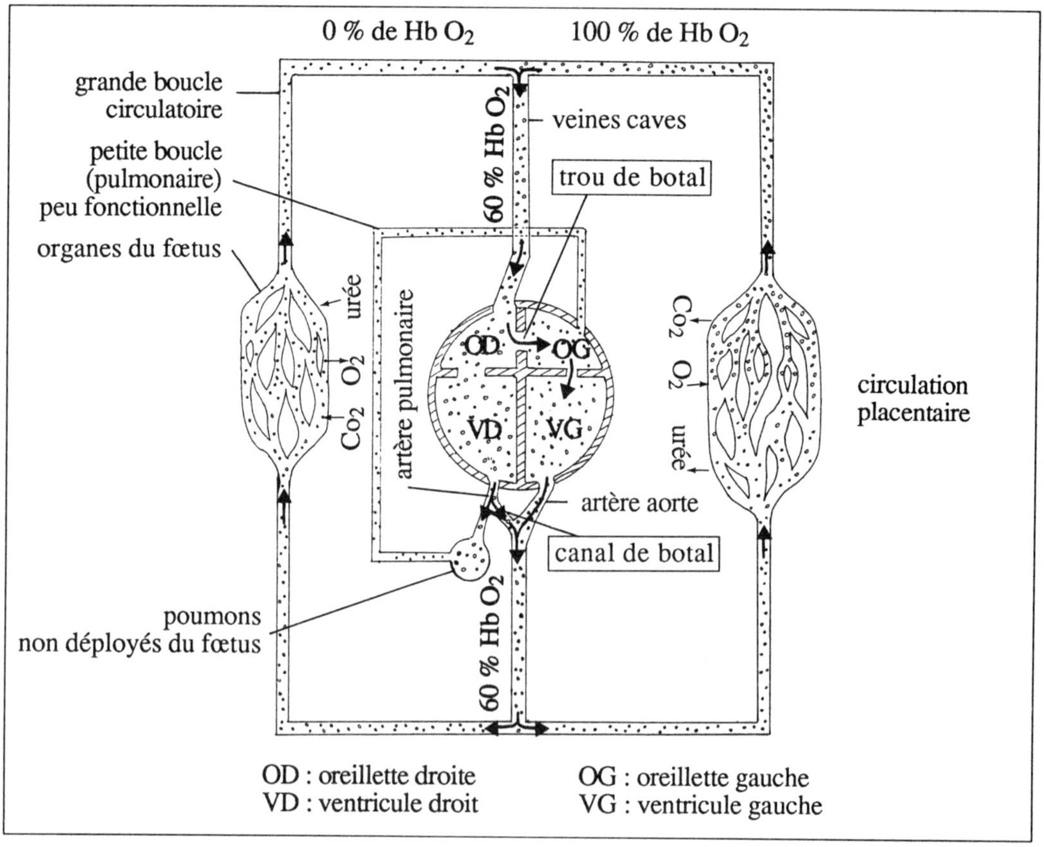

Figure 15 – Représentation schématique de la circulation fœtale chez un Mammifère

c/ Les autres fonctions du placenta

➤ Rôle immunitaire

Les anticorps maternels traversent le filtre placentaire, et ainsi font bénéficier le fœtus des protections acquises par la mère au cours de sa vie. Cette perméabilité n'est d'ailleurs pas sans inconvénient dans le cas des incompatibilités sanguines dues au facteur Rhésus entre la mère et le fœtus.

➤ Le rôle humoral

Le placenta est perméable à la plupart des hormones, et ce dans les deux sens (une mère à diabète Insulino-dépendant pourra être privée d'injection d'Insuline pendant sa grossesse). Le placenta est de plus un organe endocrine, les cellules choriales secrètent dès la nidation des hormones ovariennes et hypophysaires, qui garantissent le maintien de l'utérus dans l'état gravidique. En particulier, le chorion élabore, dès le début, une **gonadotrophine chorionique** bien connue, car éliminée dans l'urine, elle peut y être détectée par un test immunitaire (le G-Test) et permettre ainsi le diagnostic précoce d'une grossesse.

Le placenta est donc l'organe de la viviparité. L'embryon qui se pédiculise dans la cavité amniotique y reste relié par le cordon ombilical. Grâce à la circulation allantoïdienne, le sang assure la navette placenta-fœtus ; sa circulation, à contre-courant du sang maternel dans le système villeux, permet à travers une barrière mince les échanges nutritionnels. L'utérus maternel est donc chez les Mammifères euthériens un organe protecteur et nutritif ménageant des conditions "de confort" jusque-là inégalées à l'embryon.

La protection n'y est toutefois pas absolue ; de nombreuses toxines (alcool – tabac – héroïne...) traversent les filtres placentaires, ainsi que des agents pathogènes (HIV = virus du SIDA, Tréponème de la Syphilis...)

Les modalités du développement embryonnaire sont donc variées ; l'évolution a peu à peu sélectionné des solutions plus complexes faisant progresser la fiabilité du phénomène. Deux tendances évolutives peuvent être perçues à l'issue de l'observation de l'ensemble du règne animal : la première, vers une **amplification des fonctions protectrices et nutritives de l'œuf** ; la seconde, vers une prise en charge "en direct" du développement embryonnaire par **exploitation de l'organisme maternel à travers des dispositifs d'échanges**. Cette seconde tendance est bien illustrée chez toutes les classes de vertébrés. On trouve en effet des poissons vivipares ou incubateurs ; les Batraciens incubateurs avec leurs structures d'échanges materno-fœtales originales sont très connus (Pipa – Gastrotheca...). La viviparité et l'incubation au sein de l'organisme maternel (exceptionnellement paternel) présentent en effet un atout majeur sur l'oviparité car elles font d'emblée bénéficier l'embryon des conditions d'homéostasie de l'adulte, ainsi que des fonctions relationnelles des parents. En effet, les femelles gravides en fuyant les prédateurs protégent indirectement leur progéniture. D'autre part, l'espèce reste mobile au cours de la période reproductrice, elle peut aller à la recherche de nouvelles ressources nutritives, ce qui n'est évidemment pas le cas pour des ovipares tels les oiseaux qui doivent nicher en des lieux précis, et sont par ailleurs de ce fait plus vulnérables par rapport aux fluctuations climatiques et aux prédateurs. Les nombreux restes d'œufs de Dinosaures illustrent ce "défaut de l'armure" du développement ovipare protégé. Ils furent sans doute piégés par des changements brutaux de l'environnement.

Conclusion sur le développement embryonnaire

Cette période initiale de la vie de tout animal est sans aucun doute la plus riche de toute son existence en ce qui concerne l'expression de son contenu génétique. De nombreux gènes seront, en effet, ensuite irréversiblement inactivés. La vie néonatale sera encore fournie en événements comparables à ceux de l'embryogenèse, et ce même dans la genèse de capacités complexes, comme par exemple l'apprentissage du langage chez l'homme, qui doit être déclenché et entretenu par l'environnement à un moment précis où les structures nerveuses cérébrales présentent la compétence pour le recevoir. Le développement apparaît donc comme une cascade d'événements qui, au niveau cellulaire, correspondent à la **régulation progressive, ordonnée dans le temps et l'espace, de l'expression de l'information génétique**.

Sur le plan évolutif, l'influence des milieux et modes de vie a été primordiale. Le développement embryonnaire étant rendu plus fiable par le renforcement de "l'assistance maternelle", soit par un dépôt anticipé de quantités abondantes de réserves, soit par un approvisionnement en temps réel de l'embryon (viviparité). L'éclosion ou la parturition libèreront donc des êtres plus ou moins organisés, ce qui conditionnera les événements ultérieurs, c'est-à-dire le développement post-embryonnaire.

PARTIE B

LE DEVELOPPEMENT POST-EMBRYONNAIRE DES ANIMAUX

L'éclosion (oviparité) ou la parturition (viviparité) soldent la fin du développement embryonnaire des animaux. L'évolution qui conduira l'animal désormais depuis l'état de nouveau-né à celui d'adulte constitue le développement post-embryonnaire et présente deux modalités fondamentales :

A l'issue d'un développement embryonnaire court, l'être à l'éclosion est très différent de l'adulte, dans sa morphologie et dans son anatomie ; son organisation devra donc subir des bouleversements importants (**les métamorphoses**) avant l'acquisition de l'état d'adulte. Le développement de l'animal est alors qualifié d'**indirect**. Au contraire, lorsque le développement embryonnaire est suffisamment long, le nouveau-né est en tout point semblable à l'adulte, hormis la taille, les proportions et l'absence de maturité génitale. Le développement post-embryonnaire est alors limité à la croissance, phénomène de nature purement quantitative ; dans ce cas, il est qualifié de **direct**. L'étude de quelques exemples choisis judicieusement dans les divers embranchements du règne animal permettra d'illustrer les deux modalités du développement embryonnaire, ainsi que les aspects physiologiques qui y sont attachés.

1. Les variétés de modalités du Développement Post-Embryonnaire (DPE)

I – Observation de quelques exemples chez les Insectes

1. Le développement d'un Insecte Apterygote (ex. : Lepisma) (figure 1)

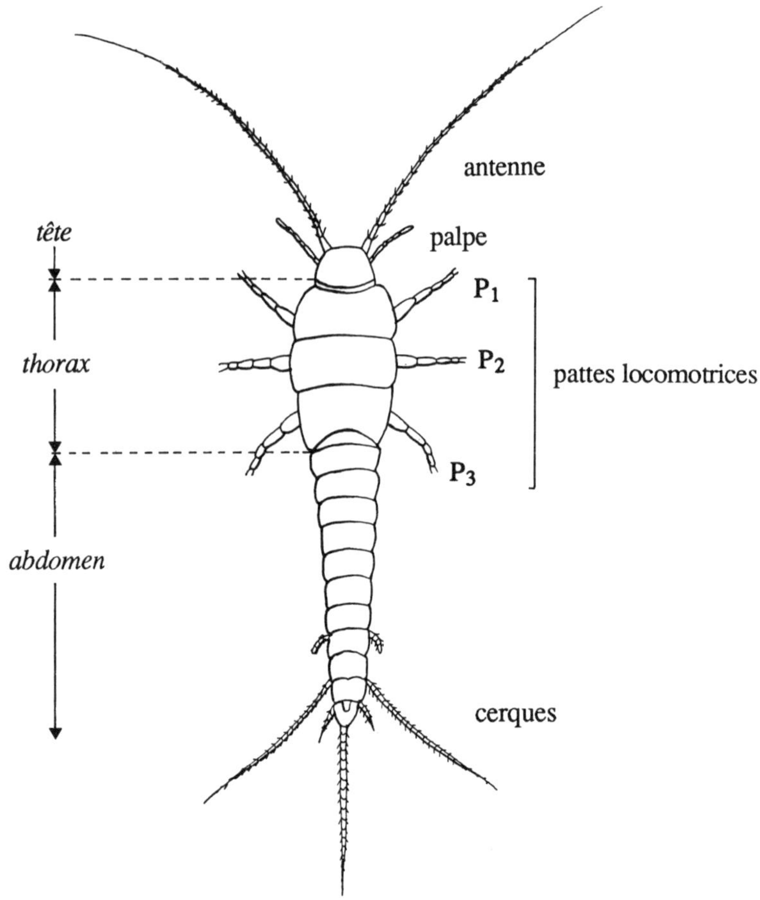

Figure 1 – Lepisma adulte (Insecte Apterygote)

A l'éclosion, le nouveau-né est un jeune en tout point semblable à l'adulte, mais de petite taille et sexuellement immature ; de plus, les proportions de ses tagmes (tête, thorax, abdomen) sont différentes de celles de l'adulte. L'abdomen est court par rapport au reste du corps et comporte un nombre de segments (métamères) inférieur à celui de l'adulte. A la suite d'une croissance accompagnée de **mues**, les proportions de l'adulte seront établies, en particulier par l'adjonction de métamères abdominaux supplémentaires. Chez ces Insectes primitifs, le développement post-embryonnaire est donc direct, il ne comporte pas, en effet, de métamorphose ; les Apterygotes sont donc des **Amétaboles** (étymologiquement : sans métamorphose).

2. Le développement d'un Insecte Orthoptère : le Criquet migrateur (figure 2)

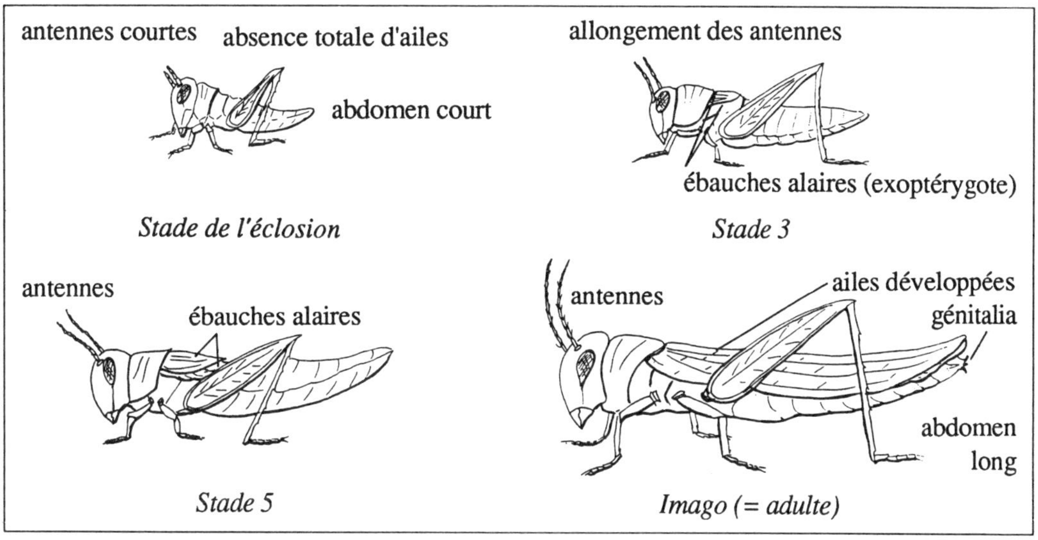

Figure 2 – Le développement post-embryonnaire du Criquet (Insecte Orthoptère)

A l'éclosion, l'être nouveau-né est là aussi semblable à l'adulte, avec toutefois quelques caractéristiques morphologiques originales. Le jeune (nous le considèrerons ainsi) ne possède, en effet, pas d'ailes, ni même d'ébauches alaires visibles ; de plus, ses antennes sont courtes et formées d'un nombre limité d'articles. Le développement post-embryonnaire, ponctué par les mues, s'accompagne donc de modifications qualitatives consistant en la mise en place d'ailes par le développement d'ébauches alaires saillantes (l'insecte est qualifié à cause d'elles d'**Exopterygote**) accompagnées d'une augmentation du nombre d'articles des antennes et du développement des pièces génitales externes (génitalia). Les bouleversements morphologiques n'atteignent donc pas l'ensemble de l'organisme, mais seulement quelques régions, l'insecte n'est pas totalement transformé (ce n'est pas un holométabole), il l'est partiellement et de façon hétérogène, c'est donc un **Hétérométabole**, c'est-à-dire un Insecte à métamorphose incomplète.

3. Le cas d'un Insecte hyménoptère : l'Abeille (figure 3)

L'œuf éclot cette fois-ci dans une alvéole de cire construite par l'activité sociale de la ruche ; il libère une larve apode très différente de l'adulte. Après une phase de croissance par mues, seulement caractérisée par une évolution quantitative, la larve va subir au cours d'un stade dit **nymphal** un bouleversement complet de sa morphologie qui s'achèvera par l'obtention, à l'issue d'une mue ultime (dite **imaginale**), d'un adulte (ou **imago**) qui sera, selon les cas, une ouvrière, une reine ou un faux-bourdon.

Un tel insecte, présentant une métamorphose totale de son organisme, est dit **Holométabole** ; il passe au cours de son DPE par trois stades morphologiques différents : la larve, la nymphe, l'adulte.

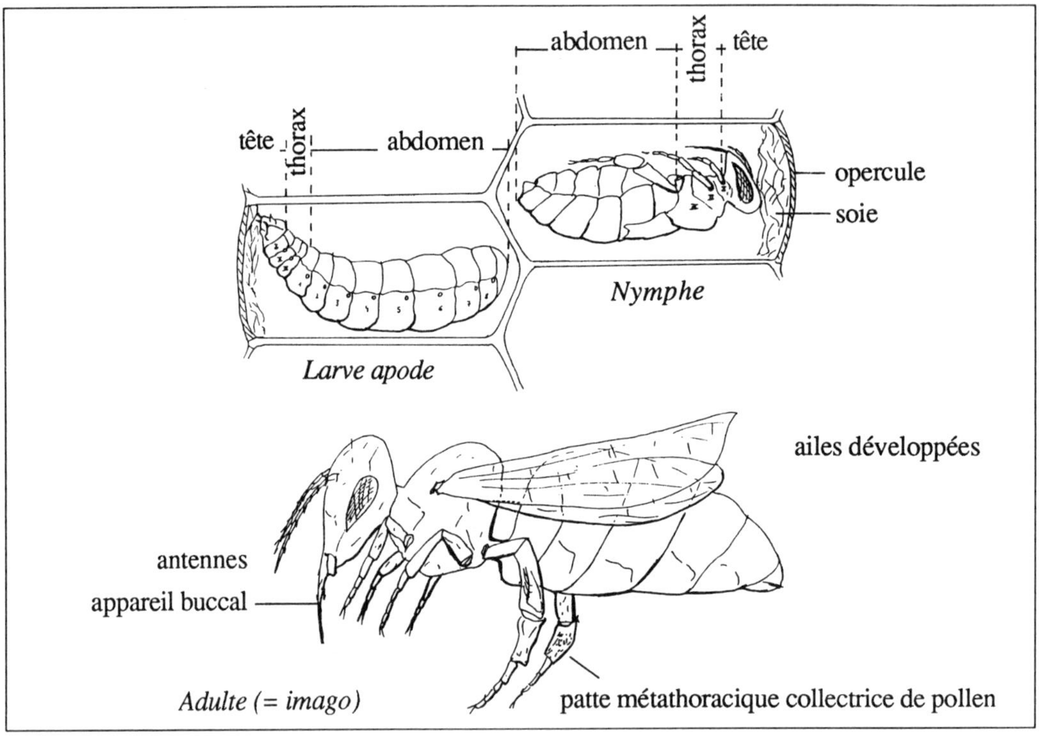

Figure 3 – Le développement post-embryonnaire de l'Abeille

II – Généralisation

1. Chez les Insectes

Aux cas déjà décrits, il faut pour être complet ajouter celui des **Paléoptères** (étymologiquement les plus anciens insectes ailés), dont les larves aquatiques sont toutes munies de **trachéobranchies** qui seront détruites lors de la métamorphose. Dans le cas précis des **Odonates**, le **masque labial** de la larve prédatrice sera également lysé au cours du passage à l'adulte. Pour ces transformations modestes, mais bien réelles et qui s'accompagnent de plus d'un changement de milieu de vie (sortie des eaux), les Paléoptères sont qualifiés, comme par exemple les **Orthoptères** (cf. le criquet) d'**Hétéro-métaboles**, mais avec la nuance suivante : les criquets qui subissent des transformations très limitées sont des hétérométaboles **Paurométaboles** (étymologiquement : peu de transformations) et s'opposent aux Paléoptères sujets à des transformations plus importantes accompagnant un changement de milieu de vie et qui sont dits hétéro-métaboles **Hémimétaboles** (étymologiquement : à moitié transformés). On peut donc désormais tirer le bilan des observations précédentes sous la forme d'une classification des modes de DPE des insectes ; on distingue donc :

a/ *Les Amétaboles* : insectes sans métamorphose à DPE direct

b/ *Les Hétérométaboles* : insectes partiellement modifiés au cours de leur DPE, et dits à métamorphoses incomplètes. Ils se divisent en deux groupes :

– les Paurométaboles chez lesquels les modifications subies sont tellement modestes qu'elles ne s'accompagnent pas de changement de mode, ni de milieu de vie, à tel point qu'on peut considérer, même si c'est toujours discutable, le nouveau-né comme un jeune ;

– les Hémimétaboles chez lesquels la métamorphose n'affecte que quelques organes, mais s'accompagne d'un changement de milieu de vie.

c/ *Les Holométaboles* : ils sont totalement remaniés au cours du stade nymphal, à tel point qu'il n'est pas possible de retrouver chez l'adulte les traits morphologiques de la larve. Le développement de leurs ailes se réalise d'abord sous forme d'ébauches situées dans des invaginations discoïdales, ils sont dits pour cette raison **endopterygotes** et s'opposent donc aussi par ce point aux hétérométaboles, dont on rappelle qu'ils sont exopterygotes. Si les holométaboles ne subissent pas toujours de changement de milieu de vie lors de la métamorphose, ils changent cependant de niche écologique (lieu et mode de vie).

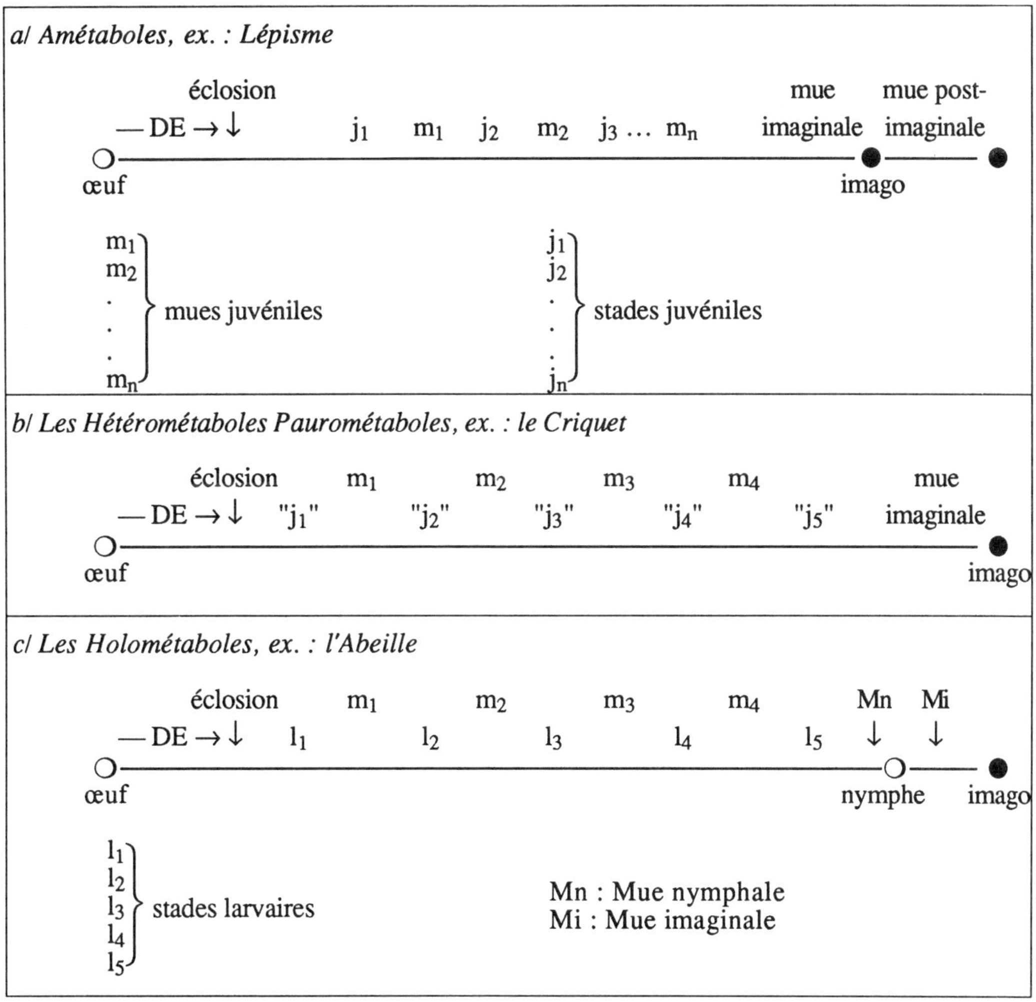

2. Dans l'ensemble du règne animal

Dans l'ensemble du règne animal, on repère essentiellement deux groupes zoologiques présentant de façon indéniable une métamorphose : il s'agit des Insectes holométaboles et des Amphibiens (ex. : la Grenouille). A partir de leur étude, on peut donc définir la notion de métamorphose ainsi :

Ensemble de bouleversements morphologiques, anatomiques, physiologiques, affectant la totalité d'un organisme au cours de son DPE, et s'accompagnant fréquemment de changement de milieu et/ou de mode de vie.

Cependant, lorsqu'on essaie d'appliquer cette définition aux autres groupes zoologiques, on rencontre un certain nombre de problèmes. Par exemple, chez la Nereïs, faut-il qualifier de métamorphose le phénomène d'**épitoquie** qui correspond de fait à l'acquisition d'une puberté accompagnée de bouleversements morphologiques, anatomiques et physiologiques, ainsi qu'à un passage du mode de vie benthique au mode de vie pélagique ?

La discussion reste ouverte entre ceux qui considèrent que l'épitoquie ne correspond en fait qu'à l'acquisition de caractères sexuels secondaires particulièrement importants qui bouleversent la vie de l'animal et ceux qui, au contraire, donnent au phénomène le caractère d'une véritable métamorphose.

Le moment précis de la métamorphose est souvent difficile à préciser lui aussi. En effet, si chez les Insectes et les Batraciens (Amphibiens) il correspond à une rupture brutale dans la vie de l'individu, les transformations métamorphiques sont dans d'autres groupes progressives, modifiant petit à petit la larve qui ressemble de plus en plus à un adulte, avant d'en acquérir le mode de vie. L'exemple des crustacés et de leurs phases larvaires successives serait de ce point de vue démonstratif. La métamorphose peut donc se dérouler progressivement au cours de la vie larvaire et estomper de ce fait plus ou moins l'aspect indirect du développement post-embryonnaire qui se produit sans rupture, sinon celle, finale, qui donne le jeune : par exemple lorsque le dernier stade larvaire planctonique d'un crustacé benthique tombe sur le fond, ou lorsqu'une larve métatrochophore d'Annélide (ou véligère de Mollusque) subit le même sort. En résumé et en raison de toutes ces difficultés, on peut dire que les meilleurs exemples pour illustrer la notion de métamorphose sont sans conteste les Insectes holométaboles et les Amphibiens.

Pour le biologiste, en quête d'intérêts adaptatifs, cette vie en deux temps que réalise le DPE indirect pose un problème d'interprétation. Quel est, en effet, la signification évolutive de la larve ? Quelles fonctions assure-t-elle dans le cycle biologique de l'espèce ?

2. L'importance biologique des phases larvaires

I – La larve : agent de dissémination

Le mode de vie sédentaire de certains animaux pose au niveau du cycle biologique de l'espèce et à sa pérennité un problème important. L'espèce benthique fixée ou peu mobile voit ses possibilités d'extension géographiques limitées. Le parasite, lié à l'hôte dont il est tributaire, est soumis avec encore plus d'acuité à ce problème de sédentarité. Comment, dès lors, l'espèce fixée ou peu mobile pourra-t-elle répondre aux changements qui ne manqueront pas de se réaliser dans son biotope ? Comment le parasite pourra-t-il coloniser d'autres hôtes ? La résolution de ces problèmes est bien souvent le fait de la larve.

1. Larves planctoniques et dissémination (figure 1)

La plupart des Annelides et des Mollusques, peu ou pas mobiles, assurent leur dissémination, et donc l'extension de leur aire géographique par leurs œufs, mais aussi et surtout grâce à leurs larves planctoniques (trochophore – métatrochophore, véligère) qui, devenues le jouet des courants, peuvent parcourir d'énormes distances. Il en est de même pour les Arthrophodes (Crustacés) marins benthiques qui sont disséminés par leurs formes larvaires planctoniques (les Trilobites de l'ère primaire ont aussi eu une grande répartition géographique grâce à leurs larves). **En conclusion, on peut dire que les larves planctoniques assurent dans tous les groupes zoologiques, où elles sont présentes, une fonction de dissémination.**

2. Larves et parasitisme

En se limitant au cas de la grande douve du foie, on peut signaler deux types de dissémination réalisés par les phases larvaires (figure 2) :

– **le miracidium** qui réalise une dissémination ciblée de l'espèce, avec recherche de l'hôte intermédiaire (la Limnée) vers lequel il est attiré par les substances (allomones) émanant des matières fécales ;

– **la cercaire** qui, grâce à sa queue musculeuse, se déplace de façon aléatoire en milieu aquatique à la recherche d'un support végétal sur lequel elle s'enkystera (dans ce cas, il s'agit plutôt d'une dissémination "aveugle"). La **métacercaire** qui en dérive aura, de ce fait, une grande probabilité d'être avalée en même temps que le support végétal par un herbivore (le mouton) qui est l'hôte définitif.

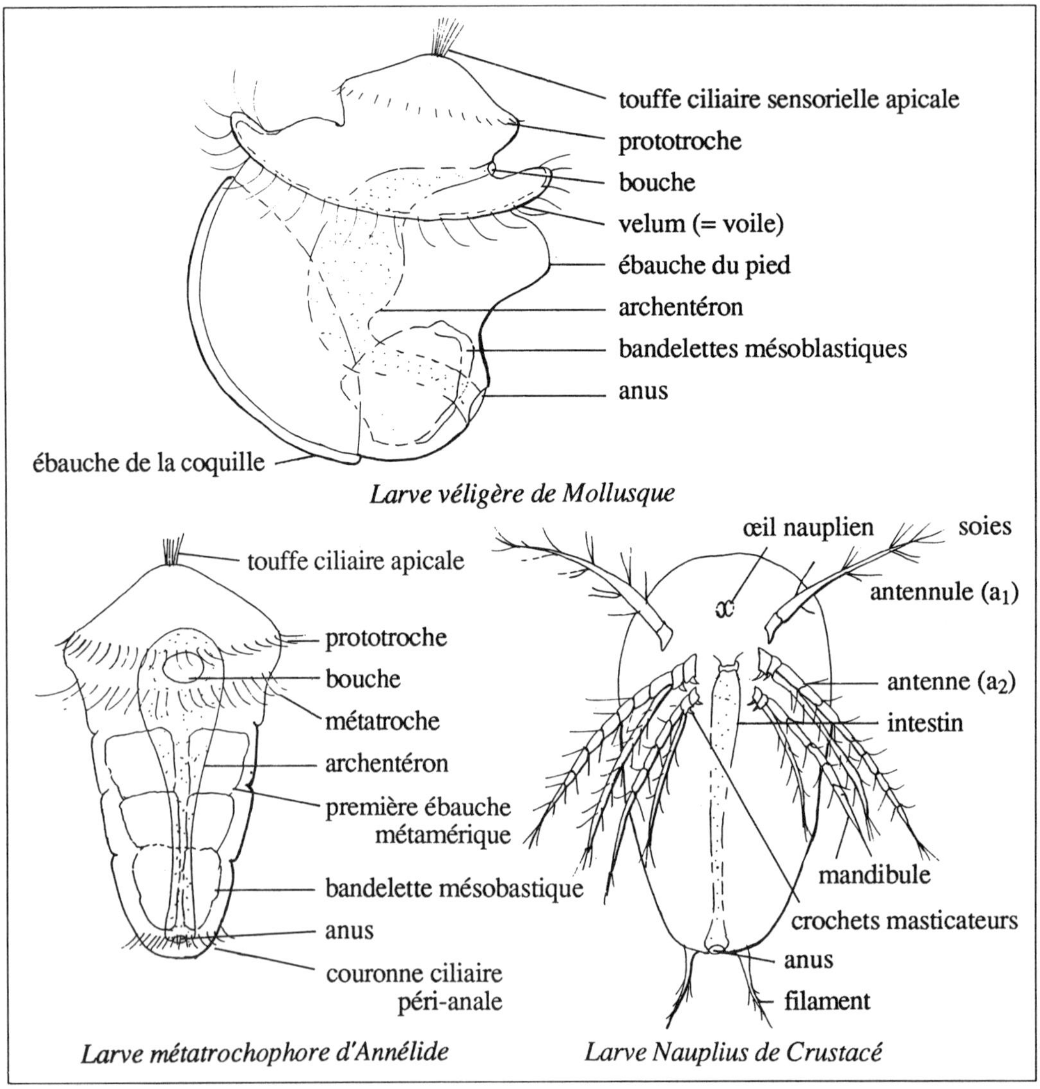

Figure 1 – Quelques larves planctoniques

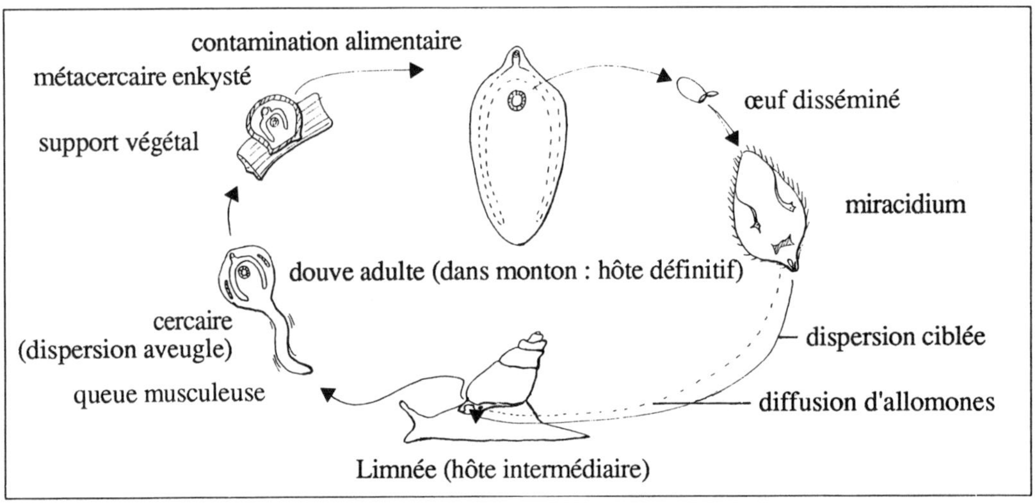

Figure 2 – Cycle de développement de la grande douve du foie (Fasciola hepatica : Plathelminthe trématode)

Les phases larvaires sont donc fréquemment impliquées dans les phénomènes d'infestation des hôtes ; on pourrait, en effet, compléter par de nombreux autres exemples (larves de Nématodes, larve nauplius de la Sacculine...). Ces formes assurent donc souvent la pérennité de l'espèce, en réalisant les "phases-clés" du cycle biologique des espèces parasites. Il faut ajouter que, bien souvent, elles potentialisent les capacités de reproduction des espèces, car elles sont sujettes à des processus de multiplication végétative (comme c'est le cas chez la Grande Douve du foie où le sporocyste contient de nombreuses rédies obtenues par cette voie de reproduction asexuée. Chaque rédie engendrera de même de nombreuses cercaires.

Dans la vie libre, comme dans la vie parasitaire, la larve est donc souvent un agent de dissémination.

II – Les larves et l'exploitation des écosystèmes

1. L'exploitation de diverses niches écologiques

Cette idée est particulièrement bien illustrée par les Insectes hétérométaboles hémimétaboles et holométaboles. La larve, chez ces animaux, exploite bien souvent un milieu de vie différent de celui de l'adulte. Les Odonates ont des larves prédatrices aquatiques, alors que l'imago, lui aussi carnivore, est aérien. Lorsque la larve et l'adulte sont dans le même milieu, ils exploitent très souvent des sources alimentaires différentes : par exemple les chenilles se nourrissent fréquemment de feuilles, tandis que l'adulte qui en dérive (le papillon) butine les fleurs, s'alimentant de leur nectar. On pourrait multiplier à loisir les exemples (larves terricoles – adulte aérien ; larves parasites – adultes libres ; larves libres – adultes parasites...), mais ils illustrent tous le même phénomène : **l'absence de compétition entre larve et adulte**, ce qui augmente ipso facto les ressources potentielles alimentaires pour l'espèce.

2. Les larves et les réseaux trophiques

Dans les écosystèmes aquatiques, et en particulier en milieu océanique, le consommateur primaire est représenté essentiellement par le zooplancton qui est en grande partie constitué de larves d'invertébrés qui assurent donc dans le réseau trophique un relais énergétique important. Les pertes démographiques, encourues chez les espèces concernées par cette fonction de relais trophique dans l'écosystème, sont compensées par le grand nombre d'œufs fournis. Ces larves ont, rappelons-le, une fonction disséminatrice.

III – Les larves et l'intérêt phylogénétique

1. La marque de l'appartenance à un phylum (figure 1)

La comparaison d'une trochophore, d'un véligère, d'une nauplius et de leur évolution initiale permet de reconnaître des similitudes d'organisation et de développement, avec en particulier le fait que la trochophore et la nauplius subissent une mise en place de la métamérie entraînée par une croissance prépygidiale et un découpage qui fait d'abord apparaître les premiers métamères dans la région antérieure du corps. De plus, les centres nerveux de type hyponeurien présentent une grande similitude d'individualisation chez tous ces organismes. L'appartenance de ces groupes zoologiques au même phylum se matérialise donc bien par la communauté de leur développement ; on confirme là le fait qu'**Annélides, Mollusques et Crustacés ont de fortes affinités phylogénétiques qui les regroupent au sein du phylum des Spiralia.**

2. L'évolution des modalités du DPE

En restant dans le phylum des Spiralia, on constate que **la sortie des eaux impose toujours l'acquisition d'un développement post-embryonnaire direct**, c'est-à-dire que l'œuf donne désormais naissance à un jeune dont l'organisation morphologique et anatomique, ainsi que les aptitudes physiologiques sont telles qu'il peut faire face aux problèmes posés avec acuité par le milieu aérien. Ainsi, ce sont de jeunes Lombrics qui sortent du cocon de ponte abandonné par l'adulte dans la terre humide, ce sont aussi de jeunes Escargots qui éclosent. Le Cloporte, un des rares crustacés aériens protège sous son péréion ses œufs d'où sortiront des jeunes. Chez les Insectes primitifs (Apterygotes), l'œuf centrolécithe permet un long développement embryonnaire et donc libère un jeune à l'éclosion. Le fait est donc que l'une des adaptations fondamentales à la vie aérienne est l'acquisition d'un DPE direct, permis par la charge vitelline importante accumulée dans l'ovocyte. Le cas des Insectes semble cependant faire exception à cette règle, si on considère les ordres les plus évolués qui ont un DPE indirect avec larve et métamorphose. Comment interpréter cet état de fait ? Pour ce faire, il faut d'abord remarquer que les Holométaboles possèdent comme tous les insectes un œuf centrolécithe qui autorise un long développement embryonnaire ; à l'éclosion se trouve alors libérée une larve dont l'organisation anatomique, et les possibilités physiologiques sont parfois comparables à celles de l'adulte ou qui, si elle présente un degré d'organisation moindre, se trouve placée dans un milieu aux conditions physicochimiques généralement plus "clémentes" (dans l'eau, dans le sol, au sein d'autres organismes vivants...) que celles que connaît l'Imago. La larve des Holométaboles peut alors s'interpréter comme une **acquisition adaptative secondaire des insectes** (bien postérieure à la sortie des eaux de leurs ancêtres arthropodiens), qui donne à l'espèce la possibilité d'**exploiter plusieurs niches écologiques** au cours de son cycle de reproduction. L'étude de la métamorphose démontrera que la larve est une phase spécialisée dans une fonction qui consiste à emmagasiner de la matière, c'est-à-dire à accroître rapidement la biomasse qui sera pleinement exploitée ensuite par l'adulte dont le rôle majeur sera la reproduction sexuée. On peut donc dire que le DPE indirect des holométaboles représente un degré évolutif élevé et qu'il s'est produit, chez les insectes, en quelque sorte une **évolution pseudocyclique du développement**, qui a entraîné un retour secondaire à un DPE indirect. La larve de l'Insecte holométabole (ex. : la chenille) n'a donc pas du tout la même signification que celle du crustacé (ex. : la nauplius).

Sous le terme unificateur de larve se cache donc une importante hétérogénéité, car il n'y a aucun rapport d'homologie entre la larve simple d'Oursin qui éclot au stade blastula et celle de l'Insecte, parfois très organisée, qui peut assurer dans son milieu de vie l'ensemble de ses fonctions de relation et de nutrition. D'ailleurs, cette larve d'Insecte croît pendant une durée parfois importante, sans subir de modification qualitative comme si son développement était achevé. Ce n'est que l'entrée en nymphose qui témoignera de son état larvaire. **La larve se définira donc en général comme une phase du développement post-embryonnaire morphologiquement différente de l'adulte et ayant un milieu et/ou un mode de vie autre que ce dernier**. On ne perdra pas de vue que cette définition masque l'hétérogénéité du "monde des larves".

Quoiqu'il en soit, le passage de l'état larvaire au jeune ou à l'adulte implique la métamorphose.

3. La métamorphose : un bouleversement morphologique et anatomique accompagné d'un changement profond des conditions de vie

Les larves (et par conséquent les métamorphoses) les plus typiques, sont celles des Insectes holométaboles et des Amphibiens.

I – Le cas des Insectes holométaboles

1. Description

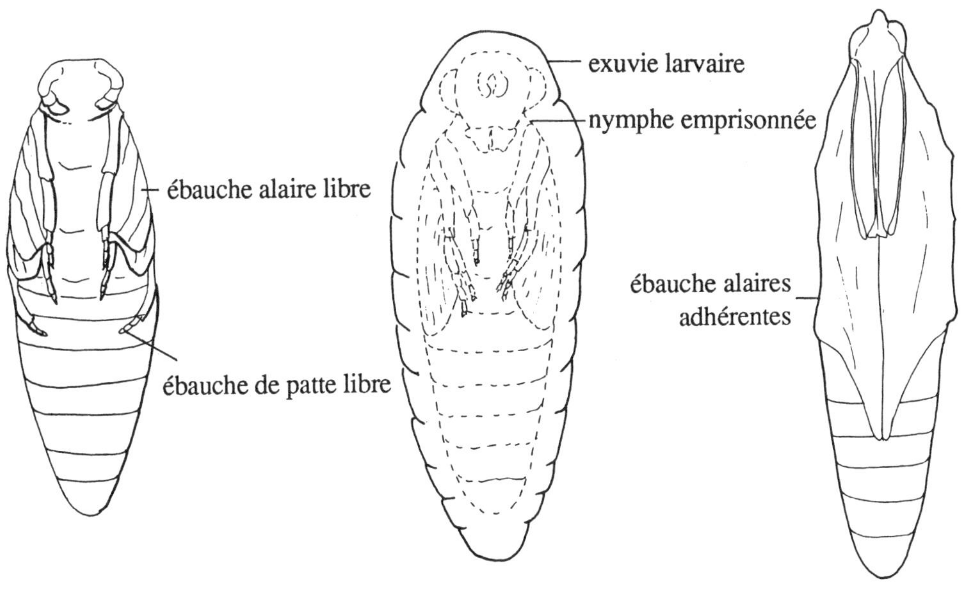

Nymphe libre (ex. : Hanneton, Abeille, ...) — *Pupe* (ex. : mouche) — *Chrysalide* (lepidoptères)

Figure 1 – Les types de nymphe

L'exemple d'un hyménoptère (l'Abeille) a déjà été relaté. Chez tous les Insectes holométaboles, **la métamorphose se réalise toujours de la mue nymphale à la mue imaginale** ; la nymphe, de l'extérieur, présente souvent une morphologie intermédiaire entre la larve et l'adulte ; elle est peu ou pas mobile (sauf exception : les Moustiques) et représente donc un stade vulnérable du cycle biologique ; ceci explique que, bien souvent, la larve gagne un lieu protégé, se dissimulant avant d'entrer en nymphose. A travers le tégument de la nymphe, on devine les organes de l'adulte, peu développés, et comme gênés dans leur extension par la cuticule. C'est, en effet, au cours de la nymphose que les structures imaginales ébauchent leur développement, tout en restant réduites et non fonctionnelles. La mue imaginale, qui marque la fin de la métamorphose, se caractérise par le **déploiement des organes de l'adulte**, les plus spectaculaires étant les ailes. Cette évagination brutale est permise par la souplesse temporaire de la nouvelle cuticule, tandis que l'animal se dégage de son carcan nymphal. La métamorphose des Insectes holométaboles se déroule toujours suivant un enchaînement comparable d'un ordre à l'autre et, ce, malgré l'hétérogénéité des nymphes qui peuvent se classer en trois groupes (figure 1) :

– **les nymphes libres** (Abeille – Hanneton...), chez lesquelles les futurs organes de l'adulte font saillie ;
– **les chrysalides** (Lepidoptères ou Papillons) dont la cuticule nymphale enferme, sans qu'ils s'en détachent librement les ébauches des organes imaginaux (appendices en particulier) ;
– **les pupes** (nymphe de Diptères), qui sont constituées de telle sorte que le dernier tégument larvaire induré (exuvie) garde la nymphe prisonnière, ce qui fait que les organes de l'imago ne sont pas directement visibles.

On notera, à titre anecdotique, que certaines chrysalides sont protégées par un cocon de soie tissé par la larve (Bombyx du mûrier : exploitation industrielle de la soie).

La description morphologique de la métamorphose pose donc plus de problèmes qu'elle n'en résout. On peut, en effet, s'interroger sur les processus histologiques qui, ainsi, bouleversent l'organisation morphologique et anatomique de l'animal.

2. *Les mécanismes histologiques*

a/ L'histogenèse

La réalisation anatomo-morphologique des organes de l'imago met en jeu le développement de tissus (**histogenèse**) qui se déroule par les processus habituels de multiplication et différenciation cellulaire. L'étude détaillée d'une larve démontre qu'au niveau cellulaire elle est constituée d'une mosaïque de territoires larvaires différenciés et de territoires imaginaux restés "embryonnaires". Par exemple, les futurs appendices de l'adulte se développent progressivement à partir de disques invaginés, formés d'agrégats de cellules indifférenciées. Ces territoires organogénétiques sont appelés **disques imaginaux**, les plus évidents étant ceux des pattes et des ailes (figure 2). Toute ablation d'une telle région, dite disque imaginal, se soldera par l'absence, chez l'adulte, de l'organe impliqué. On retrouve bien là les caractéristiques mosaïques de l'embryon d'Insecte : tout se passe donc comme si un certain nombre de cellules (celles en particulier des disques imaginaux) avaient "échappé" à la différenciation au cours du développement embryonnaire.

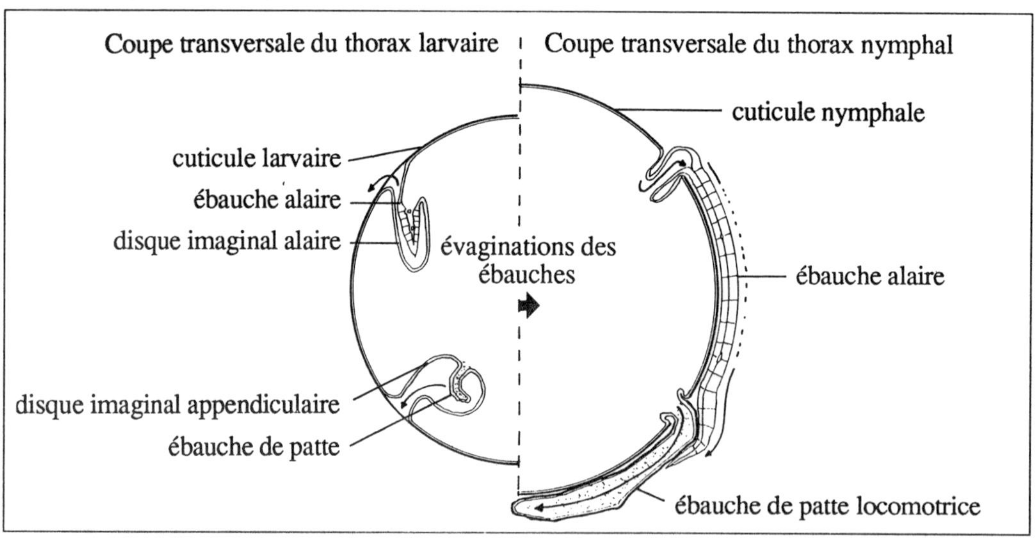

Figure 2 – Le développement des disques imaginaux

Lors de la nymphose, les cellules des disques imaginaux vont se multiplier beaucoup plus activement que pendant la vie larvaire, puis se différencier, mettant progressivement en place tissus et organes. Ces disques sont donc le lieu d'une activité morphogénétique et organogénétique, qui se produit sous la cuticule nymphale ; c'est ainsi que se développent en particulier les ébauches produites au cours de la vie larvaire sous la cuticule à partir de disques internes (cf. figure 2), d'où l'appellation d'**Endopterygotes** accordée à ces Insectes, et déployées lors de la mue nymphale. D'autres organes imaginaux sont élaborés par des processus comparables ; par exemple, le **stomodeum** et le **proctodeum** de l'adulte sont édifiés par l'activité d'**anneaux imaginaux** situés aux extrémités du mésentéron (figure 3). Ce dernier, l'intestin moyen, ou plus précisément son épithélium, est construit à partir de l'activité des cellules des **cryptes imaginales** (cf. figure 3).

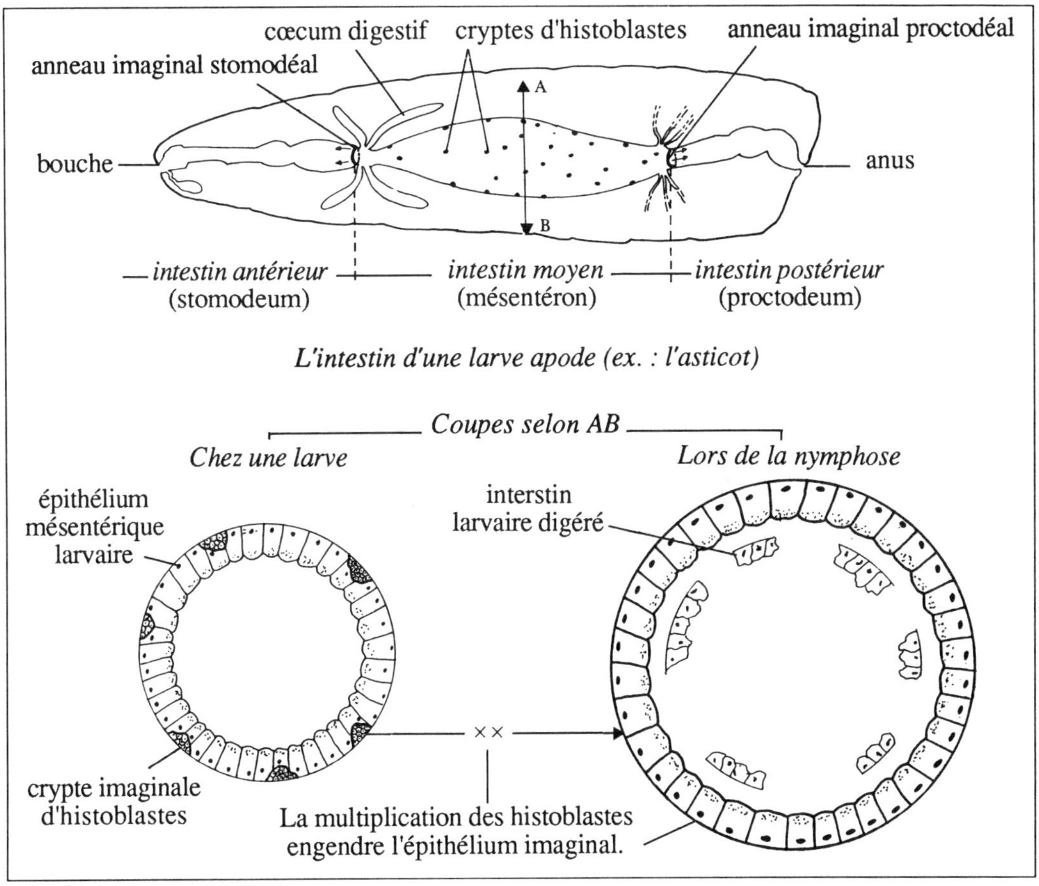

Figure 3 – Organisation de l'intestin imaginal

b/ L'histolyse

Il s'agit d'un processus de destruction des tissus larvaires qui va aussi servir à l'édification des tissus imaginaux. Pendant la métamorphose, les tissus larvaires vont devenir comparables au vitellus de l'œuf et être consommés par la reprise d'une certaine "activité embryonnaire", celle des disques imaginaux. Les muscles larvaires en particulier s'autolysent par **activité lysosomiale**, mais ils sont aussi digérés par la mise en jeu des **cellules phagocytes** de l'hémolymphe qui les colonisent et se transforment en **sphères de granules** qui tombent dans la cavité générale (figure 4). Les métabolites, libérés par cette activité digestive, stockés dans le corps gras, seront réinvestis dans les processus d'histogenèse.

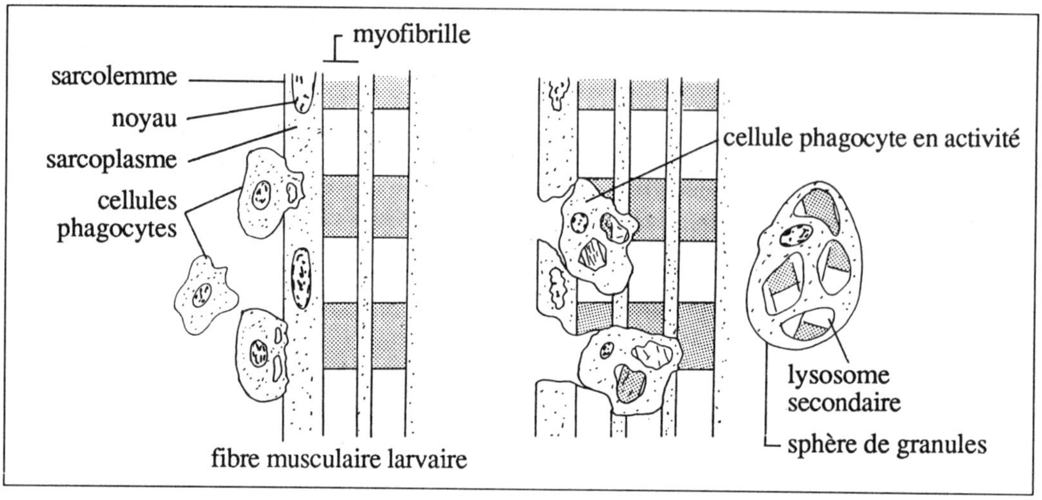

Figure 4 – Le mécanisme de l'histolyse des muscles larvaires

c/ Les remaniements

Certains muscles possèdent déjà chez la larve la disposition définitive qu'ils auront chez l'adulte ; ils ne seront pas détruits, mais seulement **remaniés** (figure 5). Les fibres musculaires larvaires sont alors colonisées par des cellules embryonnaires libres appelées **histoblastes**. Après avoir subi une activité lysosomiale, qui désorganise ses myofibrilles, la fibre larvaire va se reconstruire grâce aux activités hétérocatalytiques synergiques des noyaux préexistants, et de ceux des histoblastes colonisateurs. Cette fois, c'est sur place que les produits issus de la digestion lysosomiale seront recyclés pour s'intégrer à un nouveau réseau de myofibrilles dans le muscle devenu imaginal.

Ainsi donc, au niveau histologique, la métamorphose des Holométaboles apparaît comme une sorte de reprise localisée du "développement embryonnaire", utilisant les tissus larvaires qui, dans cette optique, sont analogues aux réserves vitellines d'un œuf. Grâce à ce type de développement, l'imago aura d'emblée sa taille définitive et sera souvent immédiatement apte à se reproduire. La vie larvaire apparaît alors comme une période trophique, au cours de laquelle l'individu accumule rapidement, et souvent dans des conditions privilégiées, une biomasse importante, qui libèrera plus ou moins l'adulte des contingences alimentaires, lui permettant de faire face avec plus d'efficacité à ses fonctions reproductrice et disséminatrice.

3. L'"éclosion" de l'adulte : la mue imaginale

La mue imaginale, en libérant l'individu du carcan nymphal, va permettre le déploiement des organes imaginaux, gonflés par la pression de l'hémolymphe. Bien que spectaculaire, cette mue est somme toute assez banale ; en effet, lorsqu'elle se déclenche, les phénomènes histogénétiques et organogénétiques sont achevés ; tout au plus, peut-on lui reconnaître un caractère morphogénétique, dans la mesure où cette extension des organes imaginaux va dessiner la forme définitive de l'adulte. Après la mue imaginale, l'Insecte holométabole apparaît toujours bien adapté au milieu aérien dans lequel il se déplacera souvent sur de grandes distances grâce au vol. Il pourra donc, grâce à ses nouvelles adaptations, explorer largement le milieu, ce qui favorisera les rencontres des partenaires sexuels et donc le brassage génétique. De plus, les femelles, en se dispersant, assureront la **dissémination de l'espèce**, fonction désormais dévolue à l'adulte. On peut ainsi au passage souligner l'inversion des rôles respectifs assurés par la larve et l'adulte, lorsque l'on compare la plupart des Invertébrés marins et les Insectes.

Chez les Holométaboles, par conséquent, la larve, confinée dans un milieu précis souvent privilégié, assure essentiellement une fonction trophique qui prépare les rôles reproducteur et disséminateur de l'adulte.

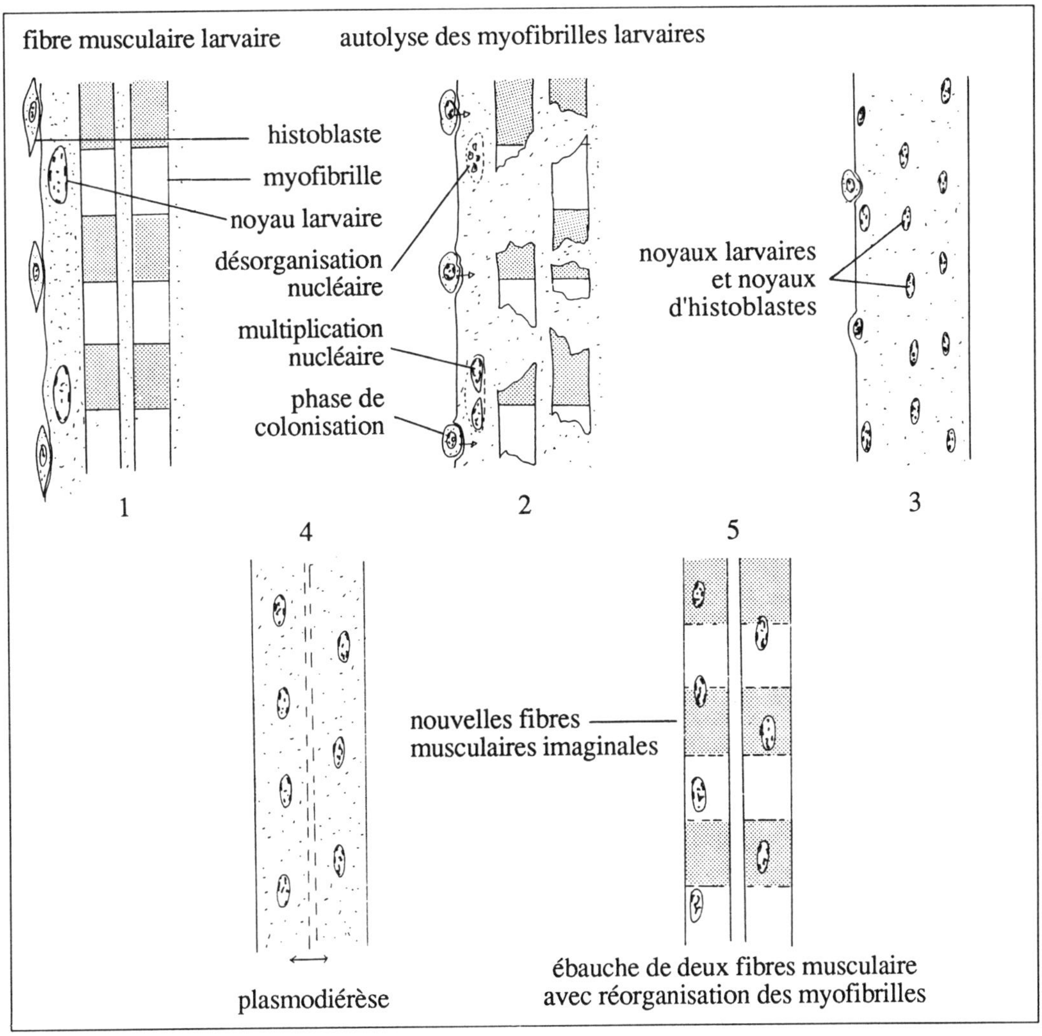

Figure 5 – Les remaniements dans une fibre musculaire d'insecte en métamorphose

II – Le cas des Batraciens

Les phénomènes sont le plus spectaculaires dans l'ordre des Anoures dont le têtard perd la queue au moment de la métamorphose.

1. La vie du têtard de Grenouille

Elle peut se diviser en périodes successives marquées par des modifications facilement observables. On considère classiquement avant la métamorphose trois périodes (figure 6) :

- le têtard à branchies externes
- le têtard à branchies "internes"
- la prémétamorphose.

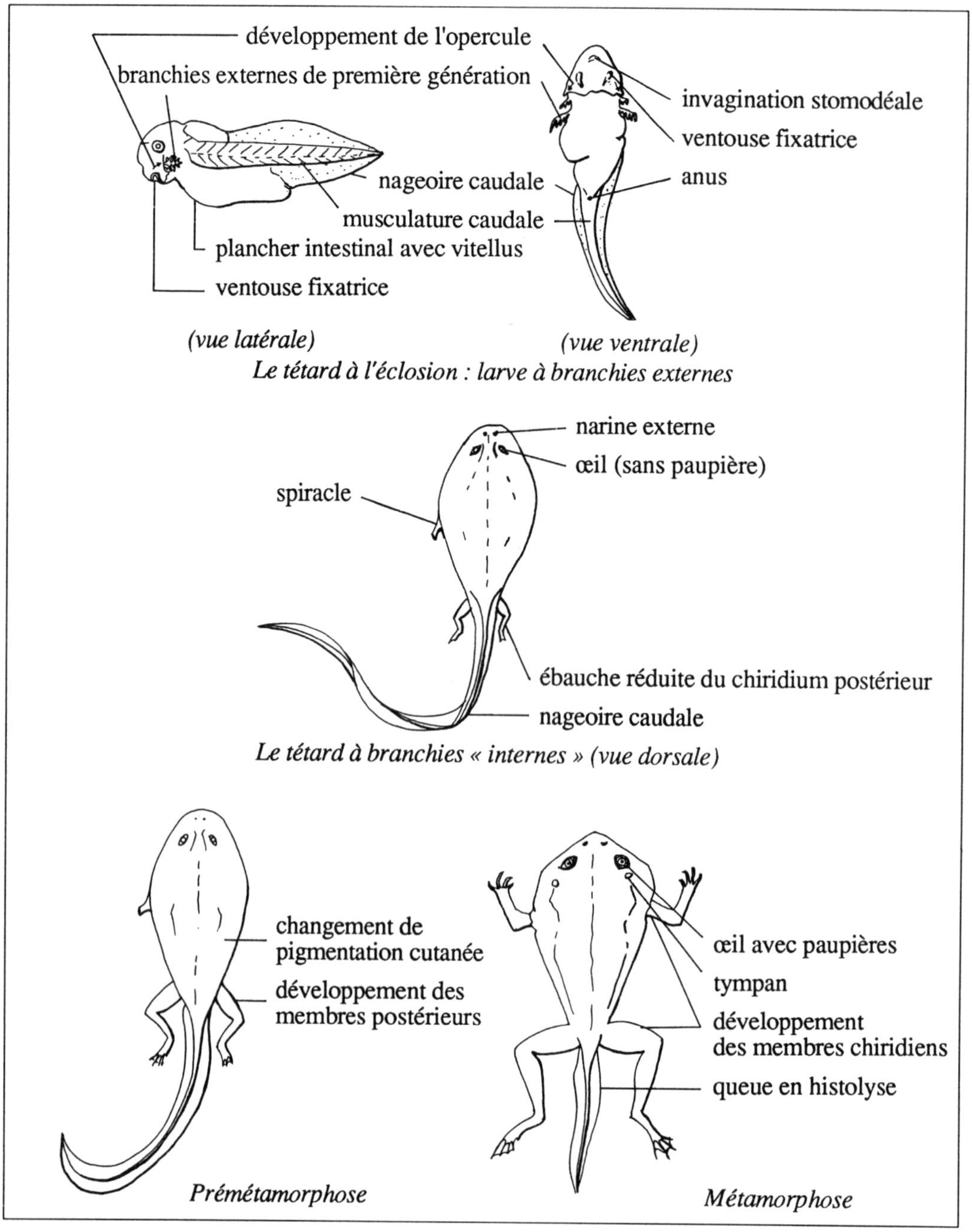

Figure 6 – Le DP.E des Batraciens Anoures (ex. : la Grenouille)

a/ Le têtard à branchies externes

Il s'agit de la larve libérée à l'éclosion ; elle n'est que le prolongement naturel du stade bourgeon caudal. A la fin du développement embryonnaire, en effet, l'embryon s'agite et déchire ce qui reste de la gangue muqueuse qui s'est progressivement désorganisée. Une fois libre, le têtard a une vie relationnelle peu active ; en effet, alternent des périodes où il reste couché sur le flanc et des phases brèves au cours desquelles il nage grâce aux oscillations de sa queue. Dès qu'il le peut, il s'accroche à un support solide (caillou, plante aquatique) à l'aide de ses organes fixateurs et continue à vivre sur un mode autarcique quasiment "embryonnaire". Sa bouche n'étant pas perforée, il ne peut en effet s'alimenter. La libération de l'animal de la gangue autorise alors une croissance en longueur importante, au détriment bien sûr des restes des réserves vitellines, contenues désormais dans son plancher archentérique et dont les métabolites sont drainés vers le cœur qui les propulse dans tout l'organisme. Au cours de cette phase relativement brève (4 à 5 jours), les événements majeurs sont la désorganisation progressive des ventouses fixatrices qui libère le têtard de son support ; la perforation de la bouche et la différenciation du bec corné et des lèvres hérissées de denticules kératinisés qui lui donnent son autonomie alimentaire ; enfin, un repli tégumentaire (l'opercule) se développant de l'avant vers l'arrière encapuchonne les branchies externes (figure 7) (à épithélium ectodermique) qui dégénèreront au profit d'une seconde génération de branchies externes, elles aussi, mais parfois improprement qualifiées d'"internes", en raison de leur dissimulation sous l'opercule.

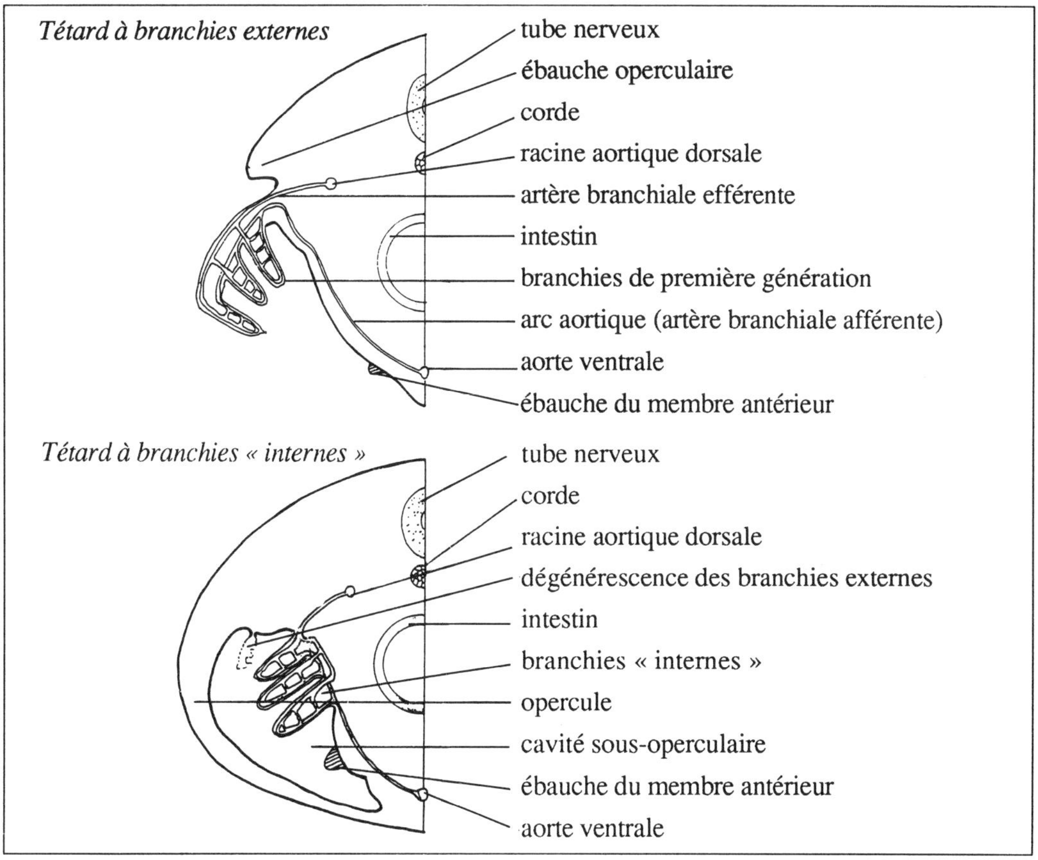

Figure 7 – Coupes transversales du têtard (région antérieure)

Au départ, la respiration est branchio-cutanée ; en effet, l'épiderme d'abord cilié est unistratifié à la naissance ; les **fentes branchiales** ne sont pas encore percées et l'eau est renouvelée au niveau des branchies externes de première génération par la simple ciliature vibratile de l'épithélium branchial. L'animal n'a d'ailleurs à ce stade que peu de besoins respiratoires, en particulier en raison d'une vie de relation très limitée. Cette phase, dite du têtard à branchies externes, va donc être l'occasion d'achever la mise en place de l'appareil digestif, d'organiser le percement des fentes branchiales et de terminer le développement de l'opercule et des branchies de seconde génération. Le têtard possèdera alors désormais un appareil respiratoire efficace qui assurera la satisfaction de ses besoins jusqu'à la crise métamorphique.

b/ Le têtard à branchies externes de deuxième génération (figure 6) (parfois nommé têtard à branchies internes, qualificatif impropre en raison de la nature ectodermique de l'épithélium limitant ces organes respiratoires).

L'animal présente une morphologie, une anatomie et une physiologie tout à fait comparables à celles d'un poisson.

➤ La vie de relation

C'est la musculature pariétale qui, agissant sur l'axe rachidien élastique, permet comme chez les Poissons la réalisation d'ondulations corporelles qui exercent par l'intermédiaire de la nageoire caudale des effets propulsifs ; le têtard est guidé dans ses déplacements par son arsenal sensoriel qui présente entre autre, comme les Poissons, une **ligne latérale**.

➤ La vie de nutrition

Le têtard est un omnivore, à dominante herbivore, ce à quoi il se montre adapté par son appareil buccal (bec corné et lèvres abrasives) et son intestin long replié en spirale. Sa respiration qui conserve une composante cutanée est, cependant, essentiellement branchiale et se réalise (figure 8) grâce à un courant d'eau, entretenu par la musculature buccopharyngée, qui circule de la bouche au "**spiracle**" (l'ouverture de l'opercule). L'eau sort du buccopharynx par les fentes branchiales désormais percées, après avoir baigné, dans la cavité sous-operculaire, les **branchies de seconde génération**. La respiration est donc tout à fait comparable à celle d'un poisson, ce qui se répercute sur l'appareil circulatoire. Le têtard est muni d'un **cœur non cloisonné** ; le sinus veineux collecte le sang carbonaté au retour des organes (cœur veineux) et le dirige à travers l'atrium vers l'unique ventricule qui le propulse dans les branchies où il s'hématose avant d'envahir tout le corps (figure 9 – a/). Il y a donc **une seule boucle circulatoire** comportant comme chez un poisson téléostéen quatre arcs aortiques (3-4-5-6), les deux premiers ayant disparu au cours des phases initiales de l'évolution des Vertébrés. L'excrétion, essentiellement branchio-cutanée, est aussi assurée par les reins (**pronéphros**). Comme chez les Poissons, le milieu aquatique autorise l'évacuation aisée par simple diffusion de l'ion de forte toxicité qu'est l'ammonium (NH_4^+). Le têtard est donc **ammoniotèle**.

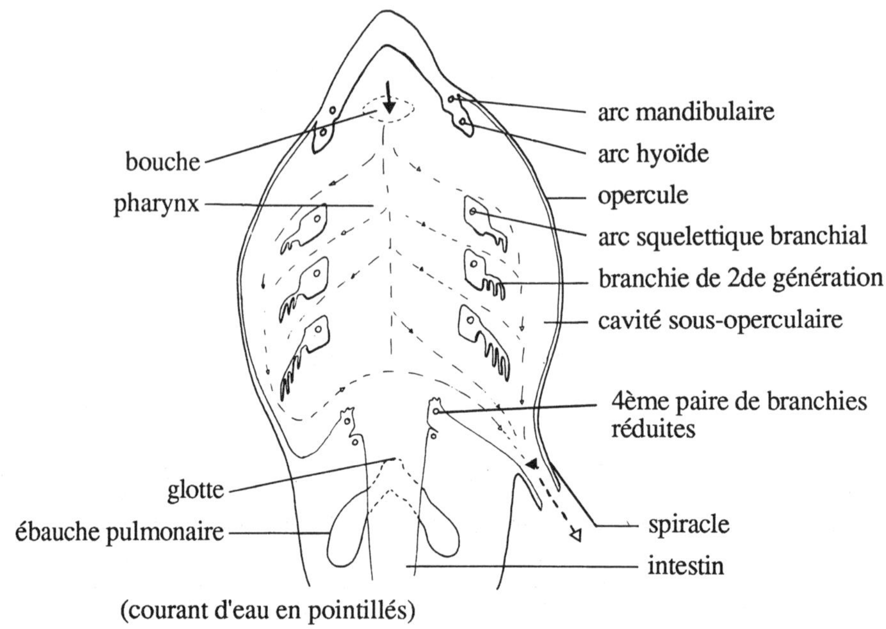

Figure 8 – Coupe frontale antérieure du têtard à branchies "internes"

La conclusion qui s'impose est donc que le têtard "est comme un poisson" et qu'hormis quelques arguments prémonitoires volontairement non signalés jusqu'à présent (ébauches des membres, des poumons) rien ne peut laisser prévoir l'adaptation future de l'animal à la vie aérienne. Au cours de cette période de vie larvaire d'une durée moyenne de 13 à 14 jours, sa taille passe de 14 à 25 mm de long.

b/ La prémétamorphose

Au cours de cette phase (25 à 30 jours), la croissance du têtard se poursuit, mais l'annonce d'une future vie aérienne, matérialisée en particulier par la tétrapodie, s'affirme. Les ébauches des **membres chiridiens** sont, en effet, désormais bien visibles et possèdent "en miniature" leur morphologie défintive. Le têtard n'en poursuit pas moins sa vie aquatique, semblable à celle des Poissons et, ce, jusqu'à la crise métamorphique.

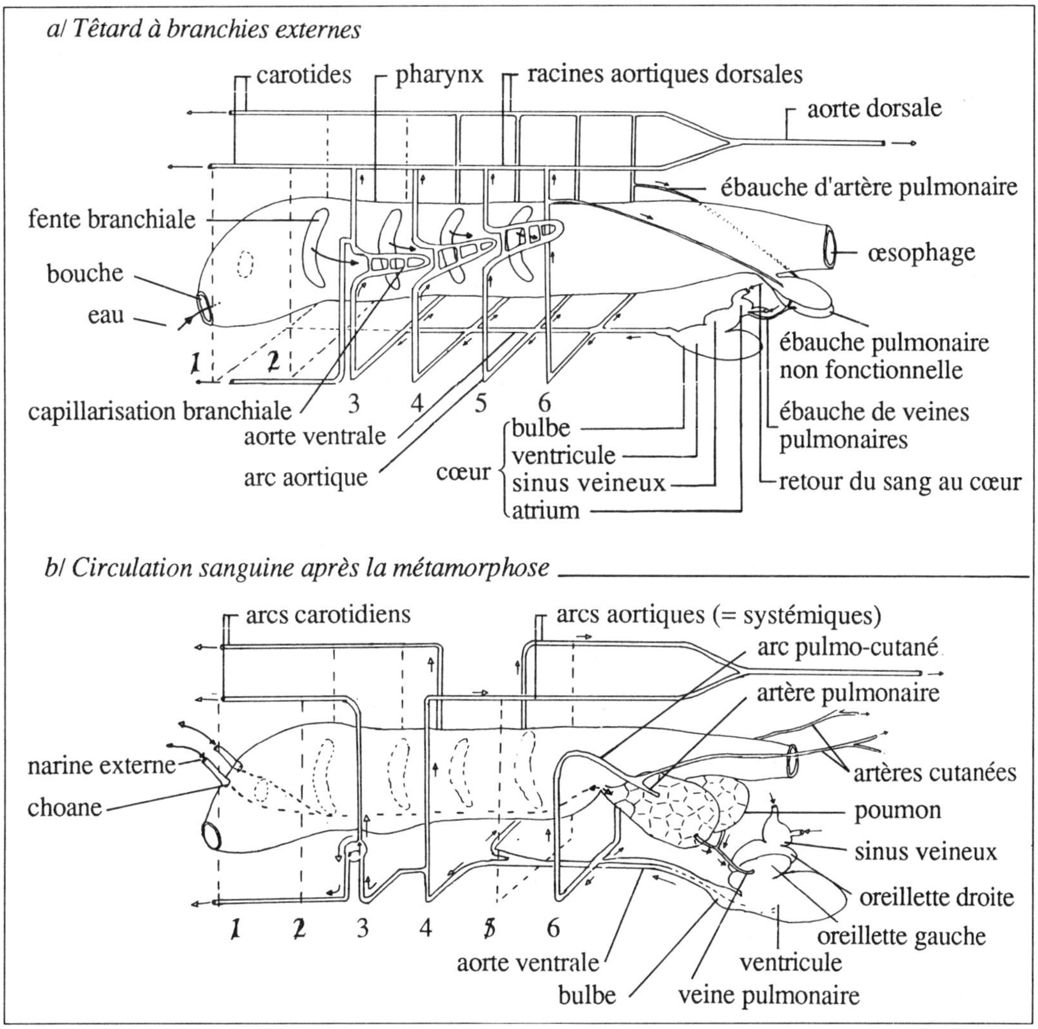

Figure 9 – La circulation sanguine et la métamorphose

2. Les bouleversements métamorphiques

a/ Les modifications morphologiques

Le signe le plus significatif de l'entrée en crise métamorphique est la sortie de l'ébauche du membre antérieur gauche par le spiracle ; ce fait témoigne d'un arrêt de la respiration branchiale, l'eau de la cavité sous-operculaire n'ayant plus d'exutoire. C'est le début de la crise métamorphique, période brève (moins de 10 jours), mais riche en modifications. Parallèlement, les membres postérieurs subissent une rapide croissance, alors que la queue régresse. L'animal va abandonner la locomotion du type poisson, qu'il pratiquait jusqu'alors, au profit de l'utilisation de ses membres chiridiens qui lui permettront tantôt le saut en milieu aérien ou la nage (de type brasse) en milieu aquatique. Parallèlement à cette modification des organes locomoteurs, on va observer un changement dans la pigmentation cutanée, la perte du bec corné, l'élargissement de la fente buccale, l'organisation des tympans...

b/ Les modifications anatomiques

Les plus significatives sont celles qui atteignent les appareils respiratoire et circulatoire (figure 9 – b/). Pendant une phase brève, il semble bien qu'il y ait co-existence des respirations branchiales et pulmonaires ; en effet, au tout début la crise métamorphique se traduit par des remontées fréquentes du têtard qui vient déglutir de l'air en surface alors que ses branchies n'ont pas encore régressé. C'est ensuite la **respiration pulmonaire (et cutanée)** qui va s'imposer en raison de la **perte des branchies** et de la fermeture des fentes branchiales, phénomènes essentiels de la métamorphose.

Les ébauches pulmonaires se déploient donc à la première inspiration et les narines, jusqu'à présent seulement externes, contractent une communication avec le bucco-pharynx dans lequel elles débouchent. Ces nouveaux orifices respiratoires percés dans la voûte de la cavité buccale sont les narines internes ou **choanes primaires** ; elles permettent une ventilation bouche fermée (figure 9 – b/).

Les modifications de l'appareil respiratoire vont évidemment retentir sur l'appareil circulatoire : les branchies disparaissant, les arcs vont retrouver la continuité qu'ils ont à l'origine chez tous les embryons de vertébrés. Le cœur va désormais recevoir **deux sangs de qualité différente** : l'un **carbonaté** venant de l'ensemble des organes se déversera dans le sinus veineux, puis dans la partie droite (oreillette droite) de l'atrium qui s'est cloisonné en deux oreillettes. La partie gauche (oreillette gauche) recevra, quant à elle, le **sang hématosé provenant des poumons**. Ces deux sangs qui se mélangeront plus ou moins dans le **ventricule indivis** seront dirigés par la **valvule spirale** du bulbe dans les arcs aortiques. Schématiquement, on admet que, par l'intermédiaire de la rampe ventrale de l'aorte, l'arc 3 (carotidien) reçoit plutôt le sang hématosé venant des poumons, l'arc 4 (systémique) conduit un sang mêlé qu'il dirige vers le reste des organes, tandis que le 5 disparaît (chez les Anoures) et que le 6 (arc pulmonaire) conduit, à partir de la rampe dorsale de l'aorte, le sang carbonaté vers les poumons et la peau. Il faut toutefois noter que cette vision simpliste n'est pas très réaliste, car la grenouille a essentiellement une **respiration buccopharyngée et cutanée**, le poumon n'étant en fait, chez elle, qu'un organe respiratoire accessoire. En réalité, l'oreillette droite ne collecte pas vraiment un sang carbonaté, mais un sang mêlé car une fraction de celui-ci provient de la peau et du bucco-pharynx, tandis que l'oreillette gauche ne reçoit pas en permanence du sang hématosé, car le poumon ne se déploie qu'à un rythme peu élevé. Quoiqu'il en soit, on a désormais l'appareil cardio-pulmonaire typique des tétrapodes. L'événement essentiel a été la disparition des branchies et l'établissement de **deux boucles circulatoires** (générale et pulmonaire) qui seront désormais présentes chez tous les tétrapodes, ainsi que **les trois arcs artériels : carotidien, systémique, pulmonaire**.

b/ Bilan et conclusion

L'inventaire des principales autres modifications est représenté par le tableau suivant : on y notera en particulier l'évolution de l'organisation sensorielle, essentiellement au niveau des yeux maintenant munis de paupières ; la disparition de la ligne latérale au profit du développement de l'oreille moyenne et donc du tympan. D'autres bouleversements plus discrets n'en sont pas moins importants, puisqu'ils permettent à l'animal de **maintenir l'homéostasie de son milieu intérieur** et, ce, en dépit du changement de milieu de vie. C'est, par exemple, le développement d'une vessie cloacale qui, compétente à l'hormone antidiurétique, permettra une certaine **économie hydrique** ; c'est l'acquisition de **l'uréotélie** qui résout le problème de la toxicité entraînée par l'excrétion azotée (l'ammoniaque ne peut plus diffuser en milieu aérien). Il faut d'ailleurs ajouter que l'excrétion, dans son ensemble, est profondément modifiée : le pronéphros disparaît, alors que le **mésonéphros** apparu avant la métamorphose se développe ; en ce qui concerne l'équilibre hydrominéral du milieu intérieur, l'adaptation au milieu aérien est essentiellement réalisée grâce à l'augmentation des **pressions oncotique** (influence de la serumalbumine fabriquée en grande quantité chez l'adulte par le foie) et **osmotique plasmatique** (de nouveaux flux ioniques apparaissent chez l'adulte avec, en particulier, un transport actif du Na^+ au travers de l'épiderme dirigé vers le milieu intérieur qui crée une différence de potentiel transépidermique responsable de l'entrée passive de Cl^-. Cette récupération de Na^+ et Cl^- se produit également au niveau du mésonéphros désormais bien développé et aussi à partir de la vessie cloacale). Grâce à l'élévation des pressions osmotique et oncotique du plasma, l'Amphibien adulte, devenu terrestre, pourra lutter contre la déshydratation dans la mesure où sera permise une meilleure rétention de l'eau. La respiration est aussi modifiée au niveau moléculaire, par l'élaboration d'**un nouveau type d'hémoglobine**, ayant moins d'affinité pour O_2. Ce pigment néoformé pourra mieux libérer l'oxygène au niveau des tissus de l'adulte. L'hématose ne pâtissant pas de la perte d'affinité du fait de la beaucoup plus forte richesse en O_2 de l'air. La modification de régime alimentaire, puisqu'on passe d'un têtard essentiellement herbivore à une grenouille carnivore, n'est, quant à elle, bien sûr pas à relier au changement de milieu.

Fonctions		*Têtard*	*Grenouille*
Relations	locomotion	• nage : musculature pariétale et nageoire caudale • squelette cartilagineux	• membres chiridiens-ceintures • squelette cartilagineux, puis osseux
	fonctions relationnelles	• kératinisations locales du tégument • absence de glandes acineuses tégumentaires • yeux sans paupières • 1 ligne latérale • pas de tympan	• kératinisation généralisée du tégument • développement des acini cutanés • 3 paupières par œil • pas de ligne latérale • présence du tympan
Fonctions de nutrition	respiration	• branchiale et cutanée • pas de glande acineuse cutanée • pas de choanes (narines internes) • hémoglobine larvaire (forte affinité pour O_2) • ébauches pulmonaires non fonctionnelles	• buccopharyngée et pulmocutanée • glandes acineuses muqueuses cutanées • présence de choanes • hémoglobine adulte (baisse de l'affinité pour O_2) • poumons fonctionnels
	circulation sanguine	• cœur non cloisonné • une seule boucle circulatoire	• cœur partiellement cloisonné • deux boucles circulatoires
	excrétion et osmo-régulation	• essentiellement branchiale • rein : pronephros • ammoniotèle • pas de vessie • milieu intérieur à pression osmotique faible	• essentiellement rénale et cutanée • rein : mésonéphros • uréotèle • une vessie cloacale • élévation de la pression oncotique par synthèse de sérum albumine
	régime alimentaire	• essentiellement herbivore • bec corné, intestin long	• carnivore • dents – langue protractile, intestin court

On peut donc dire que si la métamorphose des Batraciens est surtout spectaculaire dans ses aspects morphologiques et anatomiques qui, comme chez les Insectes, impliquent au niveau tissulaire les mécanismes d'**histogenèse** (membres) et d'**histolyse** (dans la queue, grâce aux fibroblastes devenus phagocytes), c'est au niveau cellulaire que les mécanismes intimes se réalisent par une modification des activités du matériel génétique. Par exemple, les modifications physiologiques plus discrètes, mais néanmoins essentielles, sont souvent le fait d'une **protéogenèse modifiée** (nouveaux pigments – nouvelles enzymes) qui témoigne bien des bouleversements de l'expression génétique subis au niveau de nombreux tissus. **En résumé, on peut dire que la métamorphose des Amphibiens est caractérisée par des modifications morphologiques, anatomiques et physiologiques qui adaptent l'animal au milieu aérien et sont le fait d'un changement dans l'expression génétique au sein de la plupart de ses tissus.**

Les bouleversements de la métamorphose sont donc spectaculaires. L'intérêt majeur de leur étude réside dans le fait qu'ils représentent chez les Batraciens **un accéléré ontogénique des phénomènes phylogénétiques** qui, au cours de l'histoire des Vertébrés, ont accompagné la sortie des eaux. Ainsi, à la lumière de cette étude, peut-on dire que les premiers Tétrapodes tiennent bien leur origine de Vertébrés aquatiques (Poissons) munis comme le têtard de **branchies et de poumons** (le têtard possède dès l'éclosion des ébauches pulmonaires) **ainsi que de membres pairs pénétrés par la musculature** (les bourgeons des membres chiridiens sont aussi présents dès l'éclosion), traits que l'on observe dans la **lignée sarcopterygienne** des Poissons. La sortie des eaux aura donc été essentiellement marquée par la **perte des branchies** (surfaces respiratoires mal adaptées au milieu aérien) et par le **développement des membres chiridiens**.

III – Généralisation

Les métamorphoses les plus typiques sont donc celles des Insectes et des Batraciens ; cependant, le règne animal en présente bien d'autres. Pour dégager certaines idées synthétiques, il convient de se souvenir que les métamorphoses accompagnent toujours des changements de milieu et/ou de mode de vie.

1. Changements de mode de vie

Ceux-ci sont fréquemment liés aux phases de dissémination de l'espèce en milieu aquatique, les larves planctoniques se métamorphosant en êtres benthiques (métatrochophore – véligère...). La vie parasitaire implique aussi fréquemment des passages entre phases libres et parasites (cf. cycle de la grande douve du foie). La transformation de la Nereis benthique en Nereis pélagique épitoque peut aussi, dans cette optique, relative aux modifications de mode de vie, être considérée comme une métamorphose, d'autant plus que s'observent des phénomènes d'histogenèse et d'histololyse.

2. Changements de milieu de vie

Outre le cas des Batraciens, on peut fréquemment l'observer chez les Insectes (Paléoptères en particulier) chez lesquels des larves parfois aquatiques engendrent des imagos aériens.

Les limites de la notion de métamorphose sont donc floues et on regroupe parfois sous un chapeau unique des phénomènes bien différents ; on retrouve sous cette rubrique la même hétérogénéité qui s'attache à celle de larve. En effet, le cysticerque du Ténia se métamorphose-t-il lorsqu'il s'installe dans l'intestin de l'hôte définitif ? Et pourquoi, à la limite, les transformations physiologiques, qui accompagnent les migrations de certains poissons lors de leurs passages des eaux marines aux eaux douces (ou inversement) et qui se réalisent sous contrôle hormonal, ne seraient-elles pas considérées comme des métamorphoses ?

A un niveau qui se veut modeste, il conviendra donc toujours d'illustrer cette notion de métamorphose par les exemples les moins discutables, à savoir les Insectes holométaboles et les Batraciens.

Les phénomènes morphogénétiques, organogénétiques de l'embryogenèse étaient contrôlés par une série de substances coordonnant l'activité des feuillets cellulaires. Les modifications de la métamorphose seront-elles aussi soumises à un contrôle qui exploitera le degré d'organisation de l'animal au sein duquel pourront désormais se réaliser des corrélations nerveuses et hormonales.

4. Le contrôle hormonal du DPE

I – Hormones et croissance

1. La croissance discontinue des Arthropodes

a/ Etude quantitative

Les Arthropodes sont d'abord caractérisés par leur cuticule qui, sur le plan mécanique, est la plupart du temps **inextensible**. Ce carcan qui emprisonne dans un volume défini le corps de l'animal conditionne les modalités de la **croissance qui est discontinue**. L'évolution en taille et en poids d'un insecte au cours de sa vie post-embryonnaire illustre bien les contraintes imposées par la cuticule (figure 1).

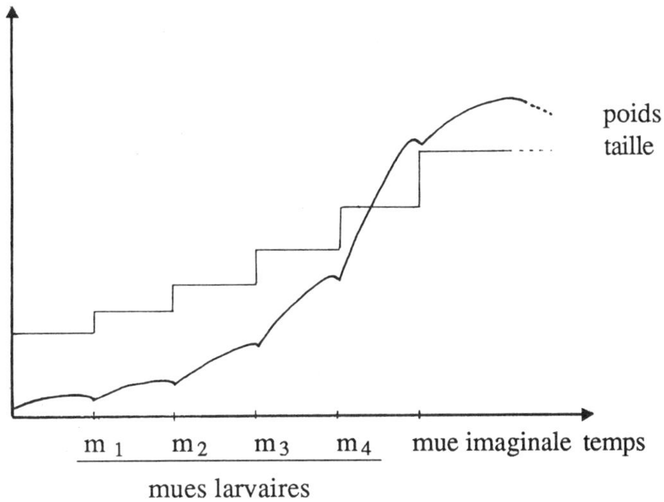

Figure 1 – Courbe de croissance d'un Insecte

La croissance en longueur est dite par paliers ; en effet, l'animal n'augmente sa taille qu'à l'occasion d'un changement de cuticule ; on dit qu'il mue. La croissance pondérale, quant à elle, se réalise entre les mues, l'animal par son alimentation remplissant progressivement, par augmentation de sa biomasse, le volume plus grand offert par la nouvelle cuticule. Au moment des mues, la croissance pondérale s'annule et devient même légèrement négative, ceci en raison du jeûne qu'effectue l'animal et de l'abandon de l'ancienne cuticule, nommée **exuvie**.

Les Arthropodes sont donc soumis à une croissance discontinue. Il faut toutefois noter quelques exceptions, et en particulier dans le cas de nombreuses larves d'Holométaboles à cuticule souple (ex. : l'Abeille), chez lesquelles la courbe de croissance en taille est continue. L'étude de la croissance discontinue a abouti à son expression mathématique qui révèle que le rapport entre deux tailles successives est sensiblement constant, soit : l_1, l_2, l_3 ... la taille de paliers larvaires successifs ; on aura alors :

$l_2/l_1 = l_3/l_2 = l_4/l_3 = \ldots = r$, dit taux de croissance linéaire.

En ce qui concerne l'aspect pondéral, si p_1, p_2, p_3 ... sont les poids des stades larvaires successifs, alors :

$p_2/p_1 = p_3/p_2 = p_4/p_3 = \ldots = s$.

Approximativement, on peut dire que $l_n = l_{n-1} + 1/4\ (l_{n-1})$ et que $p_n = 2\ (p_{n-1})$.

b/ Etude qualitative

➤ Observation d'une mue

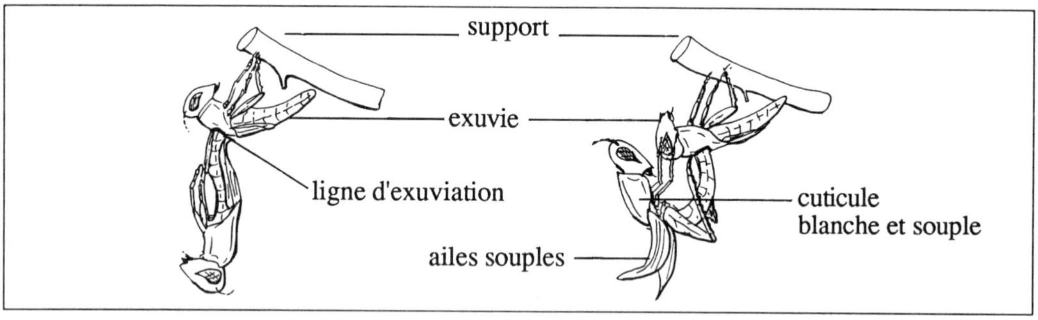

Figure 2 – Observation de la mue chez le Criquet

On peut prendre comme exemple le criquet. Avant la mue, le "jeune" en fin de stade se suspend tête en bas à un support quelconque. Bientôt, alors qu'il a pris cette position, on voit sa cuticule se fendre au niveau de son pronotum selon une ligne de moindre résistance, dite d'**exuviation** ; par celle-ci, et progressivement, on voit pointer la tête de l'animal, puis petit à petit et avec difficulté l'ensemble de son corps qui s'allonge. Le criquet est, en effet, à ce stade enveloppé d'une nouvelle cuticule souple et blanche, la dilatation étant entraînée par le fait qu'il déglutit de l'air. Après avoir enfin extirpé, aidé par la pesanteur, ses pattes postérieures de l'ancienne cuticule (exuvie), l'animal se retourne, effectuant une sorte de rétablissement qui lui permet de s'accrocher au support, tandis qu'il libère l'extrémité de son abdomen de sa dépouille exuviale. Après s'être ainsi dégagé de son ancienne cuticule, le criquet, au début d'un nouveau stade, continue à se dilater en se remplissant d'air jusqu'à ce qu'il ait acquis la taille typique de la nouvelle étape du développement qu'il vient d'atteindre. Dans les minutes qui suivent l'exuviation, le tégument va subir des modifications notables, la plus visible étant sa **pigmentation**, une autre plus discrète, mais non moins essentielle, étant son **induration**. Au cours de la mue, l'animal a donc été très temporairement privé des propriétés adaptatives de sa cuticule que sont sa rigidité, assurant le soutien, et sa pigmentation bien souvent mimétique ; toutefois, jamais l'animal n'est démuni de la protection contre la dessiccation que lui procure sa cuticule grâce à sa relative imperméabilité.

➤ Aspects histologiques de la mue

La mue, au niveau histologique, se déroule suivant un scénario précis, au cours duquel (figure 3) les étapes s'enchaînent suivant une chronologie bien définie.

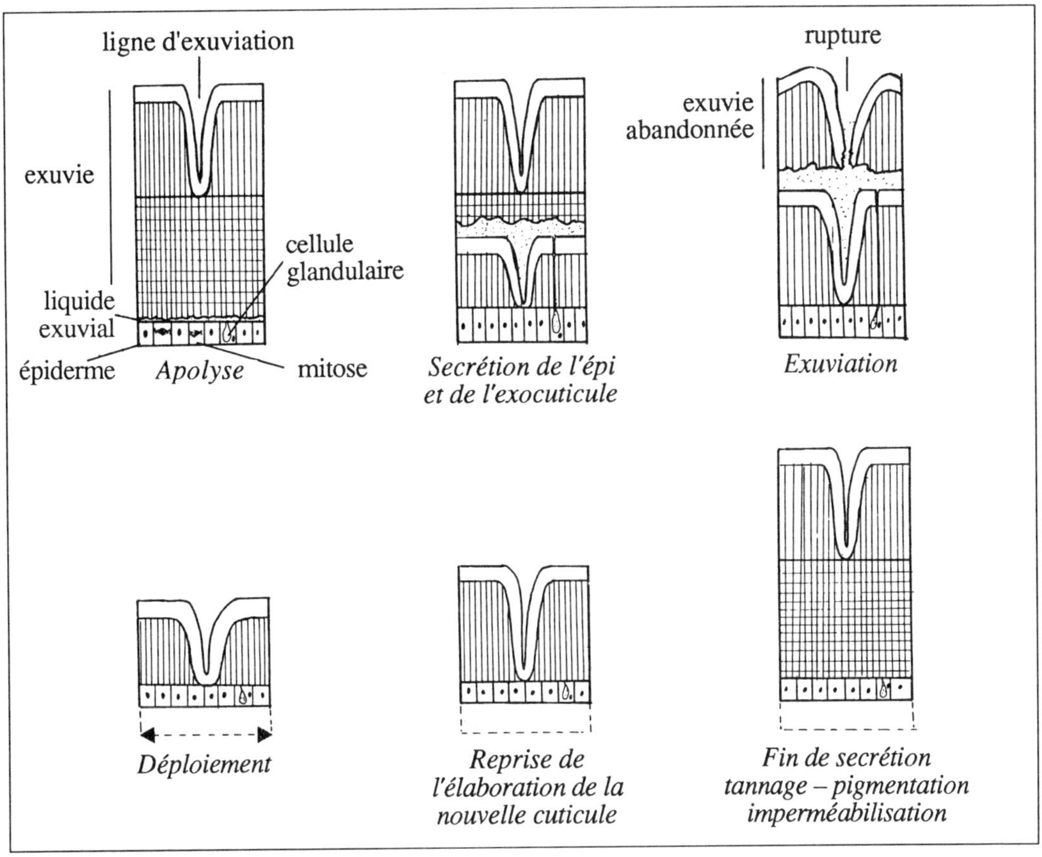

Figure 3 – Les phénomènes histologiques de la mue (au niveau de la ligne d'exuviation)

Il y a d'abord une activité mitotique des cellules hypodermiques (= épidermiques) qui augmente la surface de leur assise et contribue, associée à une secrétion enzymatique, à les décoller de la cuticule (**apolyse**). Les enzymes secrétées par l'épiderme sont des protéases et des chitinases qui attaquent immédiatement l'endocuticule de l'exuvie ; elles sont contenues dans le liquide exuvial qui est au contact de la nouvelle cuticule engendrée par l'épiderme et dont la partie superficielle (épicuticule) ne peut être digérée par ces enzymes auxquelles elle est imperméable. Alors que l'épiderme secrète l'exocuticule du nouveau revêtement tégumentaire, les enzymes digèrent l'endo, puis une bonne partie de l'exocuticule de l'exuvie qui s'amincit et se fragilise. Les monomères (acides aminés – acetylglucosamine...) libérés par cette digestion sont en grande partie réabsorbés par les cellules épidermiques qui se prolongent à travers la nouvelle cuticule jusqu'au liquide exuvial par de fins canalicules cytoplasmiques. Ainsi donc, une bonne partie des produits de l'ancien revêtement sera recyclée au cours de l'édification de la nouvelle cuticule. Sous l'effet de divers facteurs comme les mouvements, la pression de l'hémolymphe, la pesanteur, l'exuvie va se rompre au niveau d'une ligne de moindre résistance dite d'exuviation, par laquelle l'animal, muni de sa nouvelle cuticule encore peu épaisse et souple, va se dégager (**exuviation**). Dès lors, l'insecte n'est plus contraint dans un volume limité, et il va dilater son système respiratoire et son tube digestif, en les remplissant d'air, se "gonflant" en quelque sorte, ce qui permet le déploiement de son nouveau tégument, et en particulier de l'hypoderme dont la surface, augmentée par les mitoses, était maintenue plissée dans l'ancien carcan. L'animal peut dès lors prendre la taille et les proportions du nouveau stade qu'il atteint et dont les limites sont fixées par la surface épidermique. Sous l'effet de **quinones** en provenance de l'hémolymphe, les protéines de l'exocuticule vont être tannées, tandis que l'épiderme secrète l'endocuticule souple ; enfin, accompagnant le tannage, des pigments imprègnent l'exocuticule et par les canalicules cytoplasmiques des cires sont secrétées et viennent renforcer l'imperméabilité épicuticulaire, de telle sorte que le nouveau tégument recouvre les propriétés fondamentales de l'ancien qui l'adaptent au milieu aérien.

Au niveau histologique, et plus précisément cellulaire, il faut donc admettre que la mue résulte des deux activités fondamentales du matériel génétique des cellules épidermiques. L'augmentation de surface, qui limite les nouvelles dimensions, est déclenchée et contrôlée par leur **activité mitotique** ; quant au remplacement cuticulaire, il nécessite de leur part une **protéosynthèse** importante, puisque des protéines enzymatiques et structurales sont nécessairement élaborées. Ainsi, les activités autocatalytiques et hétérocatalytiques de l'ADN se trouvent exploitées de façon précise au cours du phénomène de mue, dont il convient de décrypter le déterminisme.

c/ Le déterminisme de la mue

La mue est, chez les Arthropodes, nécessaire aux changement de forme et à la croissance qui, elle-même, dépend des apports trophiques, d'où l'hypothèse intuitive que le facteur essentiel à l'origine des mues puisse être le comportement alimentaire de l'animal. Partant de là, on peut se référer aux expériences historiques de WIGGLESWORTH sur une punaise hématophage : Rhodnius prolixus (Insecte paurométabole à 5 stades "larvaires" qui peut survivre à la décapitation) (figure 4).

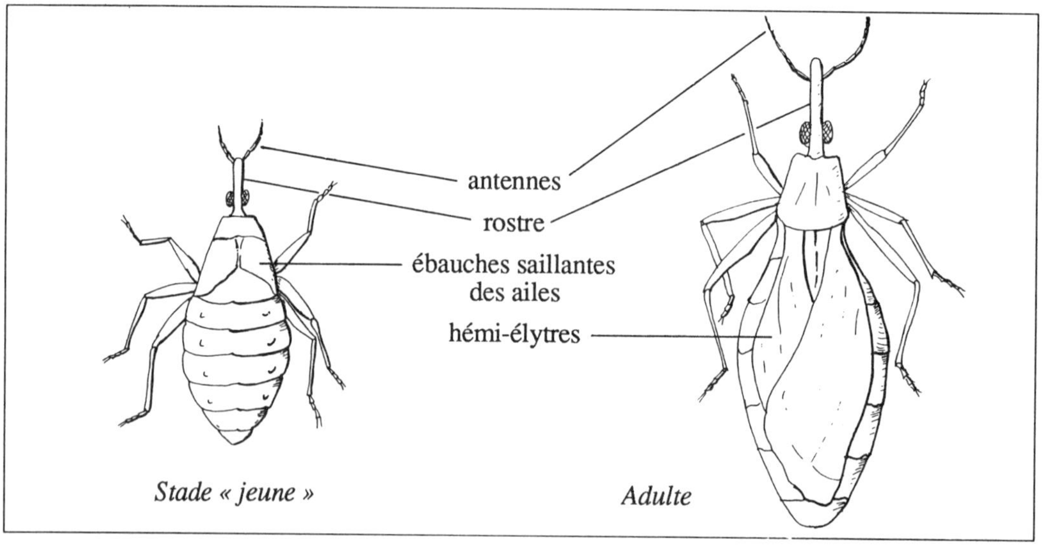

Figure 4 – Rhodnius prolixus (hétéroptère)

➤ Mise en évidence d'un contrôle humoral céphalique

En étudiant le comportement alimentaire du Rhodnius, on s'aperçoit que la mue apparaît comme la conséquence décalée dans le temps de la prise alimentaire ; en effet, entre deux mues, les "larves" ont un seul repas saturant, c'est-à-dire que sur un lapin (hôte) elles puisent, grâce à leur appareil buccal piqueur-suceur, du sang jusqu'à satiété. Dès lors, à 25°C, en prenant le 4ème stade "larvaire" comme exemple, la mue est en quelque sorte programmée pour se dérouler 15 jours plus tard. A partir de cette observation, on peut penser que **le repas est le stimulus initial** qui agira par des relais qu'il nous reste à découvrir sur l'effecteur épidermique qui réalise la mue. Etant donné le rôle hiérarchique exercé par la tête des animaux, on conçoit que WIGGLESWORTH ait cherché à démontrer son importance dans le déterminisme de la mue par la réalisation des expériences suivantes de décapitation (figure 5).

Le processus expérimental mis en jeu par WIGGLESWORTH démontre l'existence d'une période dite critique, au cours de laquelle la tête doit être présente après le repas saturant, si on veut obtenir une mue. L'action du stimulus perçu par la tête serait donc convertie en un ordre de mue envoyé à l'ensemble de l'épiderme. Cependant, cet ordre de mue n'est pas immédiatement élaboré et reçu par les effecteurs, ce qui explique la **période critique de 4 jours**. WIGGLESWORTH s'est alors interrogé sur la nature du message d'origine céphalique et, pour prouver sa nature hormonale, il a réalisé des expériences de **parabiose** (figure 6). En reliant par un cathéter rempli de liquide physiologique deux "larves" de Rhodnius de stade 4, l'une ayant été décapitée avant la période critique et l'autre après, il obtient **une mue synchrone** des deux individus en parabiose, qui se réalise à l'instant même où aurait dû muer la larve décapitée après la période critique. La larve décapitée avant la période critique a donc reçu de l'autre l'ordre de muer, par le biais de son milieu intérieur et non par des connexions nerveuses ; le déclenchement de la mue est donc de nature humorale.

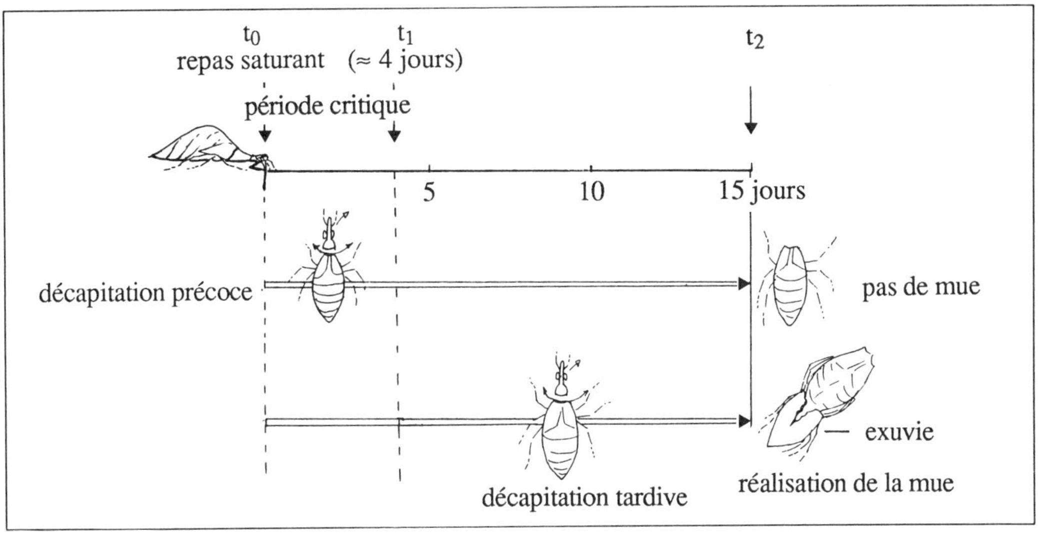

Figure 5 – Expériences de décapitation du Rhodnius

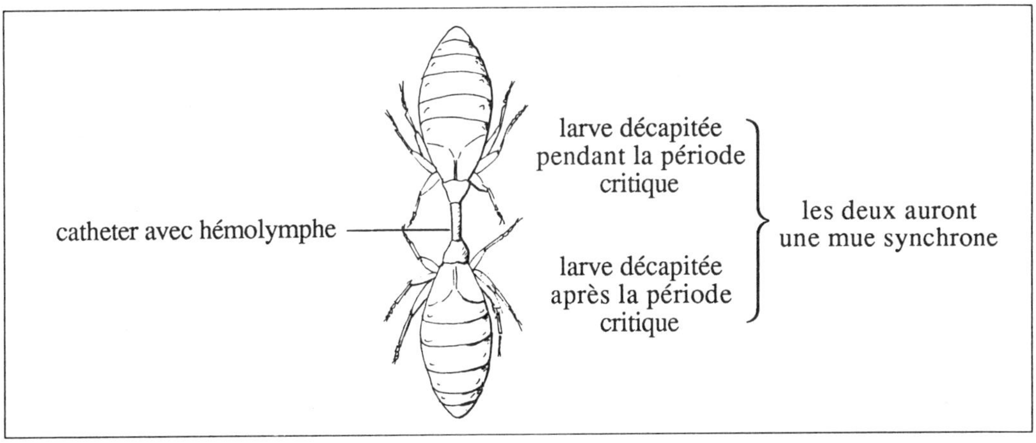

Figure 6 – Parabiose chez le Rhodnius

➤ L'origine des secrétions hormonales

FUKUDA a mis au point un processus expérimental lui permettant de travailler sur un animal qui ne survit pas à la décapitation, à savoir la chenille du papillon Bombyx mori (le Bombyx du mûrier), plus connue sous le nom de ver à soie. Cette chenille, larve d'Holométabole, possède cinq stades larvaires séparés par des mues. Au 4ème stade, FUKUDA interrompt les communications humorales entre la tête et le reste du corps (figure 7) par une ligature post-céphalique (L_1) ; il met alors en évidence, comme chez Rhodnius, l'existence d'une période critique céphalique de 80 heures après la reprise alimentaire qui interrompt le jeûne auquel les larves se soumettent au moment de chaque mue. Ce **stimulus initial**, qu'est la **reprise alimentaire**, aura ses effets seulement 7 jours après à 25°C, lorsque la chenille muera. Le délai très important (7 jours) entre le stimulus et son action permet de penser que l'action hormonale pourrait ne pas être directe et qu'elle nécessiterait plusieurs étapes se relayant. L'expérience suivante de FUKUDA va le démontrer (cf. figure 7). FUKUDA réalise une ligature (L_2) entre le méso et le métathorax de la chenille et constate alors, pour cette seconde expérience, une période critique de 95 heures, par le fait que seule la partie antérieure de la chenille mue si la ligature L_2 est posée moins de 95 heures après la reprise alimentaire.

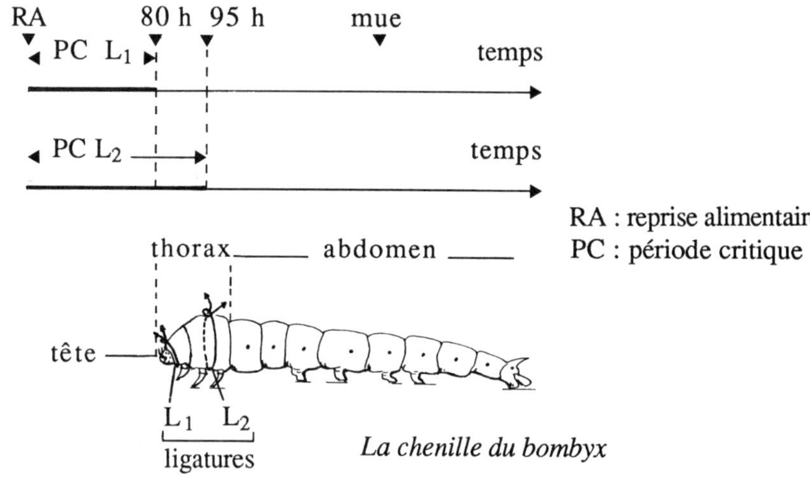

Figure 7 – Les ligatures de FUKUDA

Deux hypothèses peuvent être formulées pour interpréter ces résultats.

• La première admet que l'hormone céphalique, dont le seuil d'activité est franchi 80 heures après la stimulation, mettrait 15 heures pour se répandre au-delà de la ligature L_2 à une concentration supraliminaire. Une telle hypothèse est peu probable chez un organisme dont le milieu intérieur (hémolymphe) est brassé activement par la circulation.

• La seconde hypothèse, plus vraisemblable, consiste à considérer que l'hormone céphalique n'a pas pour cible l'épiderme, mais qu'elle est relayée par une seconde hormone élaborée par un organe, sur lequel elle agit dans un premier temps. L'organe cible de l'hormone céphalique devrait alors être soumis à l'action stimulante pendant au moins une quinzaine d'heures, période de latence au cours de laquelle il élaborerait et libérerait une hormone de mue, en quantité suffisante pour qu'elle atteigne, au niveau de l'épiderme, son seuil d'activité ; ensuite, les cellules hypodermiques stimulées réaliseraient de façon irréversible des modifications de leurs activités qui se solderaient alors 7 jours après le stimulus initial par la mue. L'existence de l'organe endocrine relais a été démontrée chez de nombreux insectes par les méthodes classiques de l'endocrinologie, que sont les ablations et les greffes. Chez le Rhodnius, par exemple, WIGGLESWORTH a mis en évidence l'existence d'une paire de glandes endocrines secrétant l'hormone de mue et situées dans le prothorax. Ces glandes ont pris le nom de **glandes prothoraciques**, bien qu'elles ne soient pas chez tous les Insectes situées au même endroit ; par exemple, chez le criquet, elles sont à la limite de la tête et du prothorax. Les recherches expérimentales ultérieures ont permis de mieux localiser l'origine des secrétions et de préciser la nature biochimique des hormones mises en jeu (cf. figure 8). Ce sont des **cellules neurosecrétrices du protocérébron** qui élaborent, sous l'effet du stimulus initial, une neurohormone polypeptidique dite **prothoracotrope** (HPT) ; celle-ci se déverse dans des organes pairs neurohémaux situés à l'extrémité des axones des cellules neurosecrétrices. Ces organes, dits **corps cardiaques** (corpora cardiaca), sont le lieu d'une intense circulation de l'hémolymphe. Il est vraisemblable que la stimulation nerveuse des neurones secréteurs déclenche la libération de l'hormone accumulée dans les extrémités axoniques. Les organes cibles de l'hormone prothoracotrope sont les glandes prothoraciques qui, stimulées, déversent dans l'hémolymphe un stéroïde (dérivé du cholestérol) **l'ecdysone** α qui est une véritable hormone de mue ; cette substance hormonale sera pour une part transformée, en particulier dans le corps gras de l'insecte en ecdysone dite ß, et c'est un mélange de ces deux formes hormonales α et ß qui agira sur l'effecteur épidermique.

En réalité, s'il est vrai que l'ecdysone est bien l'hormone de mue, nous verrons, en étudiant le déterminisme de la métamorphose, que, pour déclencher les mues larvaires étudiées dans un premier temps, elle doit agir **en synergie avec une hormone juvénile**, sans laquelle elle déclenche une mue nymphale ou imaginale (cf. figure 16).

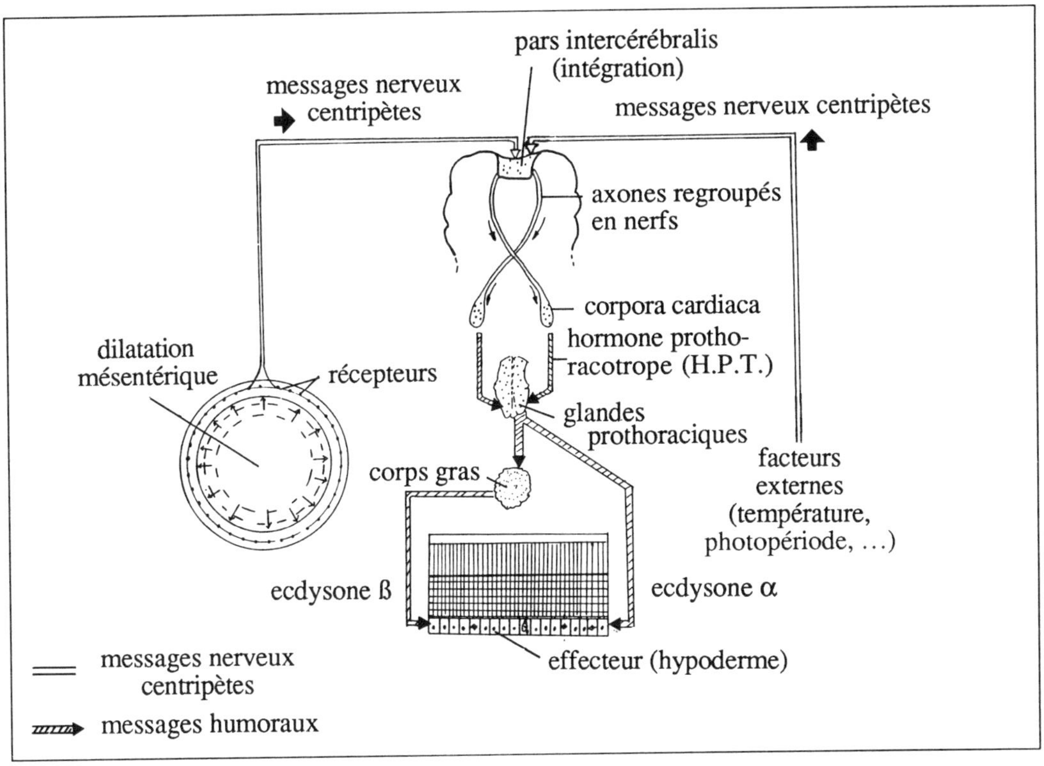

Figure 8 – Mécanisme neuro-endocrinien de la mue chez Rhodnius

➤ Le déclenchement de l'activité humorale

Quel est le lien entre le stimulus initial (qui correspond toujours au comportement alimentaire de l'animal) et la mise en activité du protocérébron ? Chez Rhodnius, WIGGLESWORTH, pour répondre à cette question, réalise l'expérimentation suivante : dans un premier temps, il démontre que le repas doit être saturant, c'est-à-dire poursuivi jusqu'à satiété. Des Rhodnius, retirés de leur hôte en cours de repas, ne muent pas. Cependant, dans un second temps, il démontre que ce n'est pas le volume sanguin aspiré qui est important, **mais la dilatation à laquelle se trouve soumis le mésentéron** de l'insecte. En effet, en diminuant artificiellement par une ligature le volume du mésentéron, il déclenche chez Rhodnius la mue grâce à une prise alimentaire brève qui, dans les conditions normales de la capacité mésentérique, aurait été insuffisante et donc non saturante.

En réalité, ce n'est donc pas l'absorption de sang qui est le stimulus initial, mais la dilatation mésentérique qu'elle entraîne. Comment, dès lors, ce stimulus agit-il sur le protocérébron ? Les expériences, consistant à sectionner la chaîne nerveuse ventrale, ont démontré sa fonction conductrice de l'information née lors de la dilatation mésentérique ; le message centripète est donc nerveux, il chemine à partir des **récepteurs cordotonaux** intestinaux, par la chaîne nerveuse ventrale vers les cellules de la pars intercérébralis, qu'il stimule pour élaborer et libérer l'hormone prothoracotrope (figure 8). Dès lors, le déterminisme de la mue apparaît comme le résultat de la mise en jeu **d'un réflexe neuro-endocrinien**, à voie centripète nerveuse et à voie centrifuge endocrine. Chez les autres insectes, ce schéma reste valable, même si le stimulus initial n'affecte pas les mêmes organes. Par exemple, chez la chenille du Bombyx, les influx centripètes proviennent des pièces buccales sous l'effet de leur reprise d'activité après le jeûne. De plus, il faut ajouter que, à l'image du complexe hypothalamo-hypophysaire des vertébrés, la pars intercérébralis intègre une foule d'informations, tant d'origine interne (alimentation) que d'origine externe (température – photopériode...) que nous avons négligées, étant donné que le protocole expérimental était conduit dans des conditions contrôlées de température, de photopériode ... au laboratoire (cf. figure 8).

L'acquisition d'une cuticule inextensible fut un atout majeur dans la prédisposition des Arthropodes à la conquête du milieu terrestre. L'étude de la croissance arthropodienne démontre que cet exosquelette n'a pu se mettre en place que parallèlement au développement de mécanismes neuro-endocriniens complexes contrôlant la mue. **C'est donc leur état de Triblastiques Cœlomates évolués, considéré dans l'ensemble de sa complexité, qui a permis aux Arthropodes de conquérir le milieu aérien en rendant compatible croissance et carcan exosquelettique.**

Dans l'embranchement des Vertébrés, eux aussi Triblastiques Cœlomates évolués, la sortie des eaux s'est également réalisée, mais sur le plan mécanique, l'exosquelette arthropodien a pour équivalent l'endosquelette osseux qui autorise, lui, une croissance continue.

2. La croissance post-natale continue des vertébrés

a/ Etude mathématique

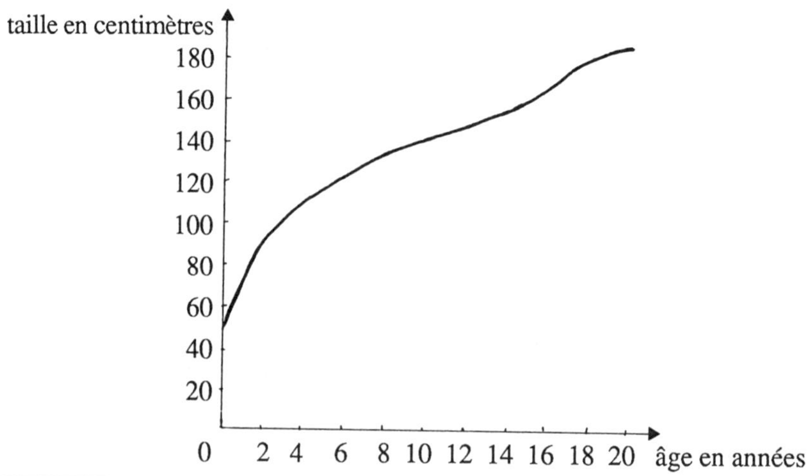

Figure 9 – La croissance en longueur de l'Homme

La croissance, rappelons-le, correspond aux augmentations de la taille et du poids. Ces deux variables ne sont pas strictement liées. En effet, chez les Vertébrés, la taille est surtout fonction de l'évolution de l'endosquelette (allongement des os longs) ; au cours des périodes de croissance intense, c'est d'abord la taille qui augmente, l'accroissement pondéral se manifestant plus tardivement. Malgré le léger retard que présente l'augmentation de poids par rapport à celle de la taille, on peut dire que **le trait caractéristique de la croissance des Vertébrés est sa continuité** (qui l'oppose à celle des Arthropodes) (figure 9). Malgré tout, la vitesse de croissance n'est pas constante (figure 10). Par exemple, chez l'Homme, on note deux poussées de croissance, l'une vers six ans, l'autre à la puberté ; de plus, la croissance apparaît conditionnée par le sexe, ce qui laisse supposer l'importance des hormones sexuelles dans son contrôle. La vitesse de croissance varie, comme chez les Invertébrés, selon l'organe considéré et, de ce point de vue, elle contribue à modeler la morphologie et l'anatomie de l'animal, c'est-à-dire qu'elle participe activement au développement. Pour exprimer mathématiquement les dysharmonies de croissance, on compare toujours l'augmentation de la taille ou du poids d'un organe à celle de l'ensemble de l'organisme. Soit x la taille (ou le poids) du corps, y la taille (ou le poids) d'un organe donné ; on définit alors pour celui-ci deux constantes b et a telles que se vérifie la formule :

$y = bx^a$, soit : $\log y = \log b + a \log x$

Pour un organe donné, au cours du temps, a peut évoluer.

Si a > 1, on dit qu'il y a **allométrie positive** pour l'organe qui croît alors plus vite que le corps.

Si a = 1, il y a **isométrie** ; la croissance du corps et de l'organe sont harmonieuses.

Si a < 1, il y a **allométrie négative** ; l'organe a alors une vitesse de croissance inférieure à celle du corps.

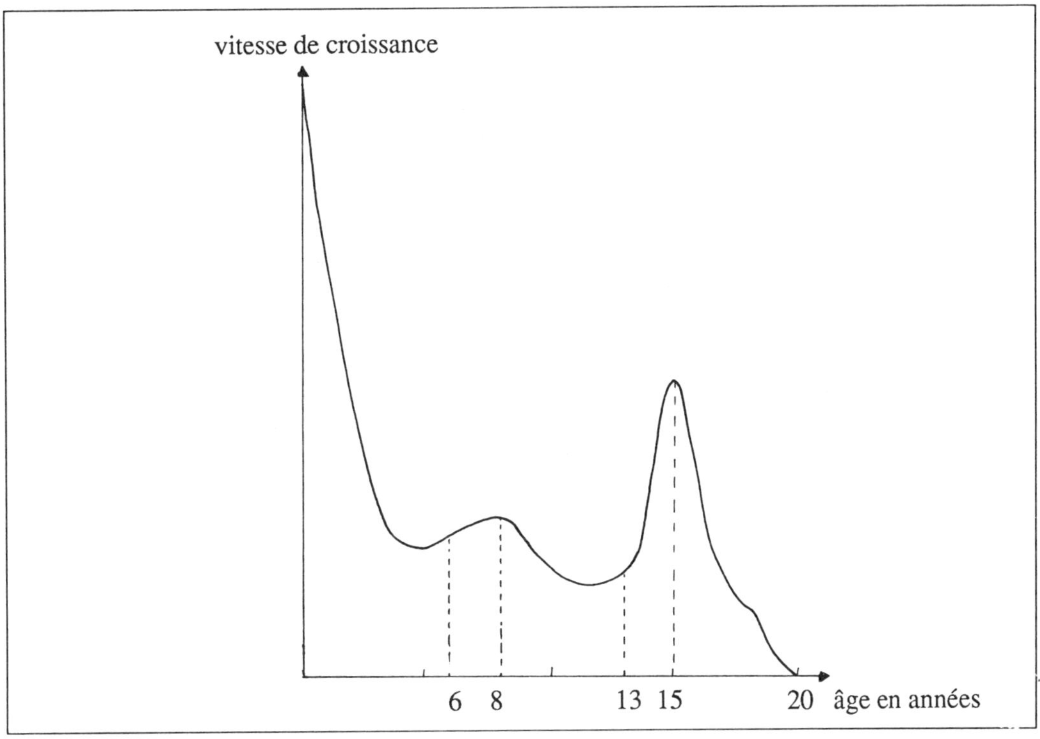

Figure 10 : Évolution de la vitesse de croissance chez l'homme

Chez l'Homme, par exemple, il est évident qu'au cours de la croissance post-natale, la tête, et en particulier le cerveau, présentent une allométrie négative, alors qu'elle est positive pour les membres. Au cours de l'évolution post-natale, les proportions changent, de telle sorte que la morphologie de l'animal atteste, pour une espèce et un sexe donnés, de son âge. Chez les Équidés, par exemple, dès la naissance, le jeune est bien adapté à la course par la possession de membres développés qui subiront donc ensuite une croissance beaucoup plus lente que celle du corps (allométrie négative) ; ce fait permet de diagnostiquer la fin de la croissance lorsque les membres auront atteint, par rapport au tronc, la proportion définitive propre à l'adulte. Les espèces se caractérisent par une taille finale atteinte en fin de croissance (**croissance limitée**) et qui s'établit autour d'une moyenne caractéristique. Toutefois, comme chez les Invertébrés, il existe des classes (Reptiles, Poissons), dans lesquelles les espèces ont une **croissance indéfinie**, qui continue tout au long de la vie de l'animal mais avec, cependant, une intensité de plus en plus faible.

La croissance post-natale achève donc le modelage morphologique et anatomique de l'animal ; elle est l'agent morphogénétique principal et contribue, de ce fait, au développement de l'individu. L'existence des allométries de croissance laisse supposer l'importance des contrôles qui règlent les mécanismes au cours du développement post-natal.

Les représentations mathématiques des phénomènes de croissance permettent de visualiser sur des courbes l'action des facteurs qui les conditionnent. Les effets des conditions de nutrition, ainsi que ceux du climat hormonal de l'animal seront ainsi rendus évidents.

b/ Alimentation et croissance

• L'étude quantitative des besoins alimentaires du jeune démontre qu'ils sont élevés, si on se réfère à la quantité d'énergie nécessaire par kilogramme du poids corporel. L'animal doit alors, en effet, non seulement couvrir ses dépenses énergétiques mais, en outre, l'augmentation de sa biomasse nécessite un apport supplémentaire correspondant à un anabolisme cellulaire intense. Une insuffisance quantitative d'aliments entraîne un arrêt de la croissance, réversible si elle ne dure pas trop ; le retard de croissance étant ensuite rattrapé.

La **dépense énergétique** est en grande partie couverte par **l'alimentation glucidique**.

• L'étude qualitative des nécessités nutritionnelles du jeune mammifère démontre que ses besoins principaux résident dans l'apport protéique, et en particulier dans la nécessité de certains acides aminés qui ne peuvent être fournis que par l'alimentation et qui sont, pour cette raison, dits **essentiels** (figure 11). Par exemple, des jeunes rats, recevant comme unique apport protéique la zéine du Maïs, maigrissent ; ceci démontre que cette protéine ne peut assurer la croissance, ni même l'entretien de ces animaux. Si on supplémente leur régime par du tryptophane, ils maintiennent leur poids corporel, mais il faut encore ajouter de la lysine pour que la croissance reprenne. La Zéine ne contient donc pas deux acides aminés, dits essentiels pour le jeune mammifère : le tryptophane et la lysine. De la même manière, on démontrerait la nécessité d'un apport lipidique judicieux incluant certains acides gras, dits aussi essentiels. Les besoins qualitatifs se font encore sentir dans l'exigence envers les vitamines (ex. : vitamines D, A, ...) et les oligo-éléments. En définitive, toute carence qualitative (**facteur limitant**) limitera la croissance, même si les apports énergétiques sont suffisants.

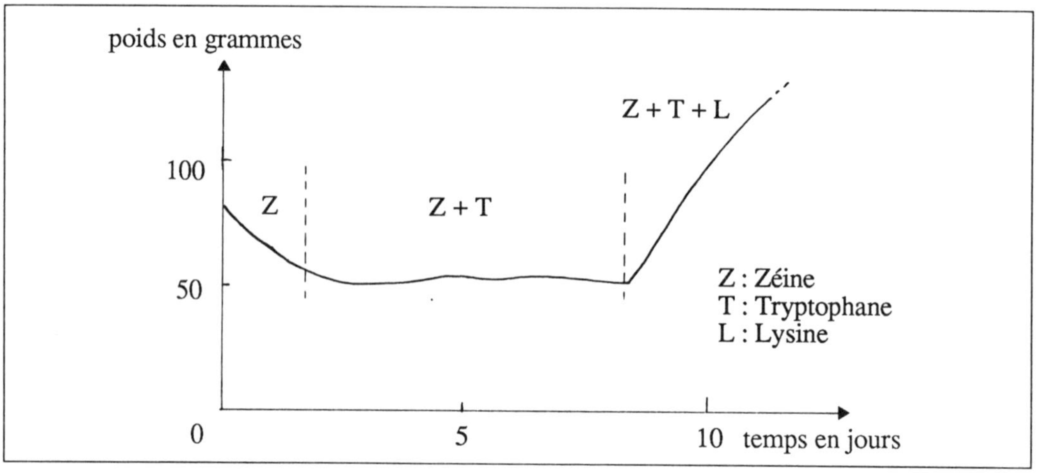

Figure 11 – Les besoins en acides aminés chez le jeune rat

La croissance est donc tout naturellement conditionnée par l'apport alimentaire ; chez les Mammifères, l'aliment néonatal est le lait, dont la composition s'avère judicieusement adaptée aux besoins du nouveau-né. La complexité des phénomènes de croissance d'un métazoaire dépasse cependant largement celle d'une colonie de protozoaires. Chez les unicellulaires, en effet, seules les conditions, en particulier trophiques, du milieu contrôlent la croissance du clone cellulaire. Le Métazoaire n'est pas, quant à lui, une colonie de cellules, mais un ensemble de tissus interdépendants, dont la croissance différentielle doit être réglée harmonieusement. La régulation de la croissance va s'avérer être le fait d'un contrôle neuro-endocrinien, dont les manifestations les plus évidentes sont les cas pathologiques.

c/ Cas pathologiques : nanisme et gigantisme

➤ Les deux nanismes

• Le nanisme thyroïdien :

Les nains thyroïdiens présentent un déficit de croissance important ; leur taille adulte ne dépasse pas le mètre ; ils sont, de plus, affectés d'une arriération mentale dénommée crétinisme. Le squelette est extrêmement déformé : les os longs n'ont pas subi une croissance normale, alors que les os courts et plats ne sont pas ou peu modifiés, de telle sorte que le nain thyroïdien présente une morphologie typique avec une grosse tête et des membres courts. A l'autopsie, ces individus montrent **une absence quasi-totale de thyroïde**. Cette glande endocrine est donc largement impliquée dans le contrôle de la croissance. La thyroïdectomie, réalisée chez l'animal jeune, déclenche le nanisme, qui peut être corrigé par une greffe (au niveau péritonéal par exemple) de thyroïde, ce qui démontre sans conteste l'action hormonale de cette glande dans le contrôle de la croissance.

• Le nanisme hypophysaire :

Dans l'espèce humaine, par exemple, on diagnostique, à côté du nanisme thyroïdien, une autre pathologie comparable, par le déficit de croissance, mais dont les effets sont, en dehors de la petite taille, moins sévères. Ce deuxième type de nanisme ne s'accompagne pas de déformations squelettiques ; les individus sont, certes, petits, mais bien proportionnés. De plus, leur intelligence est normalement développée. L'autopsie révèle des anomalies au niveau de **l'hypophyse antérieure**. Ce déficit de croissance, reproduit par l'ablation de l'hypophyse antérieure chez l'animal, peut être corrigé par l'injection d'extraits hypophysaires qui contiennent une hormone protéique isolée chimiquement en 1944 et connue sous le nom d'hormone somatotrope ou somatotropine (**STH = somatotrophic-hormone**) ou bien encore hormone de croissance (**G.H. : growth hormone**). Le taux sanguin de cette hormone est important pendant le jeune âge, surtout lors des poussées de croissance, en particulier au cours de la puberté.

➤ Le gigantisme et l'acromégalie

Le gigantisme correspond à une taille anormalement élevée, sans dysmorphisme. Les individus atteints de cette tare présentent à l'autopsie une anomalie de l'ante-hypophyse, avec une exagération du développement des cellules éosinophiles qui secrètent la somatotropine. Ces troubles peuvent être déclenchés chez l'animal jeune par des injections de l'hormone de croissance. L'hypersecrétion pathologique de STH, ou son injection chez l'animal adulte, n'entraîne pas le gigantisme, mais l'acromégalie qui correspond à une hypertrophie des os de la face (en particulier de la mâchoire inférieure) et de ceux des extrémités des membres (mains en battoirs).

La croissance, bien que continue chez les Vertébrés, n'en est donc pas moins dépendante du contrôle endocrinien de l'organisme. Comme chez les Arthropodes, deux étages secréteurs sont impliqués, en l'occurrence l'hypophyse et la thyroïde. L'étroite relation qui existe entre les centres nerveux encéphaliques et l'hypophyse, par l'intermédiaire de l'hypothalamus, autorise l'évocation d'une analogie avec la pars-intercérébralis du "cerveau" des Arthropodes. Enfin, comme chez les Arthropodes, l'effecteur essentiel des hormones, qui conditionne le déroulement de la croissance, est aussi chez les Vertébrés le squelette, comme en témoignent les anomalies qu'il subit dans les troubles du nanisme et du gigantisme ; charpente du corps, son développement conditionne en effet la réalisation de la morphogenèse de l'organisme. **Progressivement donc, se révèle l'analogie qui existe entre les contrôles de la croissance chez des animaux phylogénétiquement éloignés.**

d/ Le contrôle hormonal de la croissance chez les Vertébrés

La croissance résulte d'un ensemble de phénomènes complexes concernant le métabolisme de l'organisme. Les cellules intégrées au sein de leur tissu ne subissent pas un développement anarchique ; leur multiplication et leur métabolisme sont strictement harmonisés. On conçoit donc que le contrôle neuro-endocrinien d'un tel phénomène soit fort complexe et qu'il implique l'ensemble des processus conditionnant le choix de l'alimentation, la digestion et l'assimilation des métabolites. Pour simplifier la compréhension du contrôle de la croissance, on peut se limiter à l'étude des principales hormones mises en jeu et à leurs actions sur les effecteurs majeurs. Sans détailler les processus expérimentaux utilisés, on peut considérer que la croissance est conditionnée surtout au niveau osseux par la synergie des hormones thyroïdiennes et de la GH. Le centre supérieur du mécanisme régulateur de la secrétion des hormones impliquées dans la croissance se révèle être l'hypothalamus (figure 12). Il contrôle, dans un premier temps, le fonctionnement de l'ante-hypophyse par l'intermédiaire du système porte hypophysaire, par où transitent ses neurosecrétions. L'hypophyse antérieure, ainsi soumise à la tutelle hypothalamique, élabore deux hormones impliquées dans la régulation de la croissance, à savoir la TSH (thyréo-stimulating hormone), et la STH (= G.H.). Ces secrétions hypophysaires vont alors gagner leurs organes cibles qui sont essentiellement des **glandes endocrines périphériques**. La TSH stimule la thyroïde qui secrète alors un mélange de T_3 (triiodothyronine) et de T_4 (tétraiodothyronine ou thyroxine). La GH, quant à elle, agit sur le foie, y déclenchant la libération d'une hormone, qui exercera directement ses effets sur la croissance : c'est la **somatomédine**. Si on ajoute le fait que la GH a, en outre, pour cible directe certains effecteurs de croissance, et en particulier le squelette, on peut, pour résumer, dire que la GH, les hormones thyroïdiennes et la somatomédine sont les agents ultimes du mécanisme de contrôle de la croissance. Envisageons l'action de ces substances.

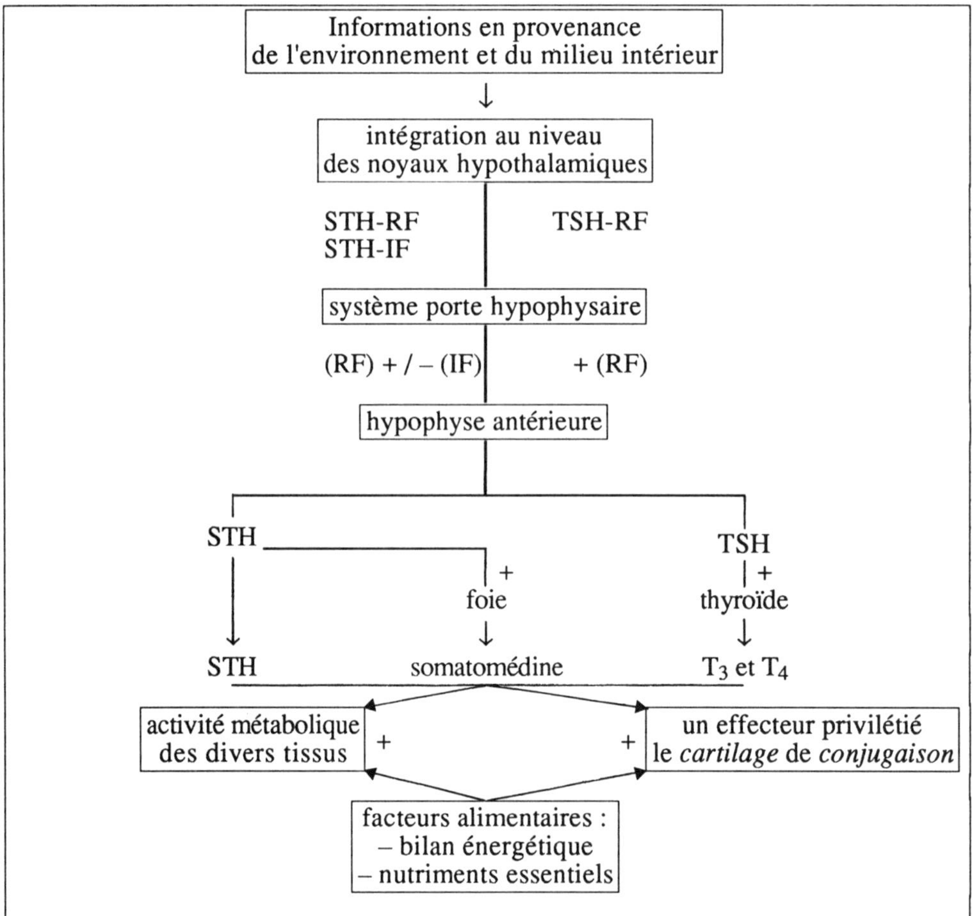

Voir les définitions de RF et IF page suivante e/.

Figure 12

• Action des hormones thyroïdiennes :

Les hormones de la thyroïde ont essentiellement une action activatrice de la nutrition et du métabolisme (en cas d'hyperthyroïdie, par exemple, le métabolisme basal de l'individu est augmenté). T_3 et T_4 agissent aussi en synergie avec la GH sur les tissus, et en particulier sur les cartilages de conjugaison des os longs. L'absence d'hormone thyroïdienne annule l'effet stimulant de la GH sur les divisions des **chondroblastes**, ce qui explique l'inhibition de la croissance des os longs entraînant nanisme et dysmorphisme. Les tissus cibles des hormones thyroïdiennes sont nombreux et il faut en particulier rappeler leur action précoce sur le développement du système nerveux des Vertébrés, qui explique le "crétinisme" entraîné par l'absence congénitale de fonctionnement thyroïdien. La non-existence du gigantisme thyroïdien démontre bien que T_3 et T_4 n'ont pas une action réellement directe sur la croissance squelettique, **et que c'est en fait GH la véritable hormone de croissance** dont l'action sur certains tissus nécessite la présence des hormones thyroïdiennes.

• Les effets de l'hormone de croissance :

Son action essentielle s'exerce sur les cartilages de conjugaison des os longs tant qu'ils sont fertiles, c'est ce qui explique qu'un excès de GH ne déclenche le gigantisme que chez le jeune en croissance ; par la suite, ses seuls effecteurs squelettiques seront les os de la face, les mains et les pieds où persistent des tissus squelettiques compétents (acromégalie).

La GH contrôle de plus, soit directement ou par l'intermédiaire de la somatomédine (dont elle déclenche la secrétion) un certain nombre de processus métaboliques impliqués dans la croissance. Globalement, en effet, le **couple GH-somatomédine inhibe le catabolisme protéique et privilégie la polymérisation des acides aminés** ; ce rôle a bien été mis en évidence, en particulier dans l'incorporation des acides aminés, c'est-à-dire dans la protéogenèse au niveau des cartilages de conjugaison.

C'est donc essentiellement le taux de GH qui conditionne, au moins chez les Mammifères, l'intensité de la croissance.

e/ La régulation des secrétions hormonales impliquées dans le contrôle de la croissance (figure 13)

Le "chef d'orchestre" des mécanismes endocriniens se révèle être, chez les vertébrés, l'hypothalamus ; celui-ci agit par l'intermédiaire **d'hormones de libération = releasing-factors** (**RH = RF** : libérines véhiculées par la tige pituitaire dans le système porte hypophysaire) sur l'activité de l'adéno-hypophyse. Les libérines sont des neurosecrétions hypothalamiques provenant de neurones regroupés en noyaux spécialisés. Certaines secrétions ante-hypophysaires sont également, par le même biais, sous le contrôle hypothalamique avec l'action **d'hormones inhibitrices** (**IH = IF**) ; c'est le cas, en particulier, pour la STH.

La secrétion de TSH est ainsi stimulée par la **TSH-RF (libérine de la TSH)** et celle de la STH peut être, soit stimulée par la **STH-RF (libérine de la STH)**, soit inhibée par la **STH-IF (hormone inhibitrice de la STH)**. L'équilibre hormonal est, en outre, soumis aux mécanismes classiques de **rétro-contrôle** (feed-back).

Les hormones thyroïdiennes freinent, en effet, la secrétion de TSH et la somatomédine celle de STH.

En réalité, les phénomènes de régulation sont dans le détail beaucoup plus complexes ; l'hypothalamus intègre une foule d'informations provenant tant de l'environnement que du milieu intérieur ; il est, de plus, en relation avec les centres corticaux supérieurs, ce qui explique que la croissance puisse être modulée par de nombreux paramètres, y compris parfois le climat psychosocial dans lequel baigne l'individu. De plus, comme il en a été fait mention plus haut, la croissance est un phénomène complexe qui affecte de façon différente les tissus et qui implique d'autres hormones que celles citées. Le cas des hormones sexuelles est, sur ce point, démonstratif, puisque **la testostérone** apparaît comme un puissant **anabolisant** qui entraîne à la puberté l'augmentation rapide de la masse musculaire du jeune mâle et le développement des caractères sexuels secondaires (croissance du larynx de l'homme, bois des cervidés...). Les hormones femelles, elles, œuvrent à réaliser par une croissance différentielle la morphologie féminine, avec en tout premier lieu chez les Mammifères le développement des glandes mammaires.

a/ Schéma du complexe hypothalamo-hypophysaire

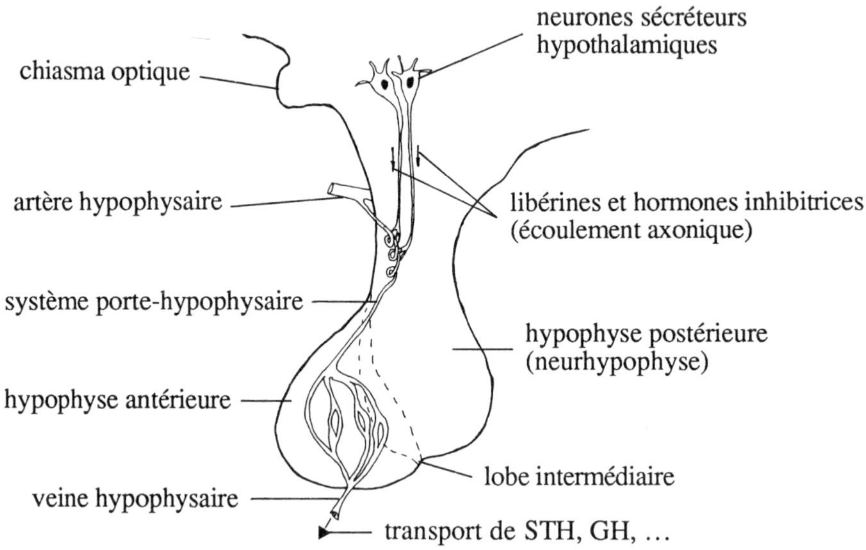

b/ La régulation des phénomènes de croissance chez les vertébrés

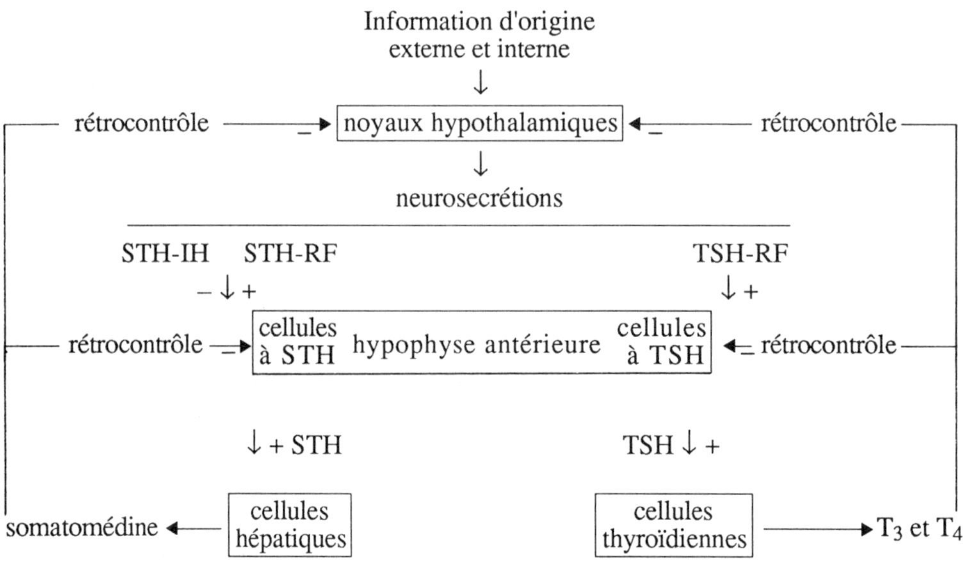

RF = RH (releasing hormone ou releasing factor) ; IH (inhibiting hormone)

Figure 13

La croissance post-natale des vertébrés présente donc, malgré son caractère continu, d'importantes similitudes avec celle des Arthropodes. En effet, comme chez eux, le squelette est soumis à un contrôle hormonal rigoureux qui implique à l'origine des neurosecrétions relayées par les productions hormonales de glandes périphériques. Dans toutes les espèces, la croissance programmée par le génôme est le résultat d'un dialogue neuro-endocrinien qui coordonne le métabolisme des tissus de l'organisme. Ainsi, la morphologie spécifique du Métazoaire sera réalisée par le développement harmonieux des tissus et organes. La coordination fonctionnelle intercellulaire, qui s'était ébauchée dès les stades embryonnaires, se poursuit donc et de façon encore plus complexe après l'acquisition par les cellules de leur spécialisation. Ainsi, le Métazoaire n'est pas un clone cellulaire, mais il forme une unité dont la spécificité s'illustre par sa morphologie, résultat de la croissance et du développement. Cette intégrité sera protégée au cours du temps de façon plus ou moins importante par les phénomènes de régénération et de cicatrisation, qui correspondent à des croissances locales déclenchées à la suite d'accidents. Ainsi, dans un métazoaire, chaque cellule a sa taille et sa place réglées de façon précise et le cas des cellules cancéreuses, qui subissent une croissance anarchique en échappant au contrôle de l'organisme, illustre bien l'existence nécessaire d'un ordre biologique maintenu en permanence.

Au cours du vieillissement, l'augmentation des dégénérescences et de la fréquence des tumeurs témoigne d'un amoindrissement des capacités du Métazoaire à maintenir cette harmonie qui le caractérise.

II – Hormones et métamorphoses

Les métamorphoses, par les phénomènes d'histogenèse et d'histolyse qui les accompagnent, sont des phases essentielles de la croissance et du développement. Les organes qui régressent subissent une croissance négative ; ceux qui se développent une croissance positive. Ce qui caractérise ces bouleversements, c'est en fait leur brutalité, et aussi le fait qu'ils se déroulent "**en autarcie**", comme le développement embryonnaire, en utilisant directement certains tissus de la larve, **sans apport nutritionnel exogène**. Les métamorphoses se rapprochent donc par cet aspect du développement embryonnaire, mais au contraire de ce dernier, elles se réalisent au sein d'un organisme développé muni d'un système neuro-endocrinien complexe et constitué d'organes et de tissus différenciés.

1. Le cas des Insectes

a/ Expérimentation

Par des décapitations réalisées à intervalles de temps réguliers, WIGGLESWORTH essaie en 1934 de préciser la longueur de la période critique (figure 14). Il démontre alors qu'une décapitation, réalisée **immédiatement à la fin** de cette période, n'empêche bien sûr pas la mue, mais il constate que celle-ci est imaginale, quel que soit le stade sur lequel on intervient. Il en déduit alors qu'un second facteur hormonal (autre que l'hormone prothoracotrope) doit être sécrété par la tête pour maintenir "l'état larvaire", ou plutôt les traits juvéniles chez le Rhodnius sur lequel il opère. Cette substance céphalique juvénile ne serait plus secrétée par le 5ème stade larvaire. Pour démontrer l'action hormonale, WIGGLESWORTH poursuit son expérimentation (figure 15). Un "jeune" de cinquième stade décapité au cours de la période critique ne peut jamais, par parabiose, déclencher sur un jeune d'un autre stade une mue juvénile, mais seulement une mue imaginale. Par contre, plusieurs jeunes de stade 4, décapités pendant la période critique, peuvent déclencher la mue juvénile d'un stade 5 avec lequel ils ont été mis en parabiose. Ce stade 5 donne alors un **"jeune" géant** de la taille de l'imago. Si un seul jeune de stade 4, décapité après la fin de la période critique, est mis en parabiose avec un stade 5, décapité avant la période critique, les deux animaux subiront une mue, qui verra au sortir de l'exuvie des individus d'aspect intermédiaire entre le jeune et l'imago. Ces expériences démontrent sans conteste l'action hormonale de la tête, la dernière illustrant le fait que l'hormone, pour être totalement efficace, doit atteindre une certaine concentration (elle est, en effet, trop diluée dans cette expérience, en raison de l'important volume du stade 5). L'hormone mise en jeu est appelée **néoténine** ou **hormone juvénile** ; dès lors, se pose le problème de l'origine de sa secrétion.

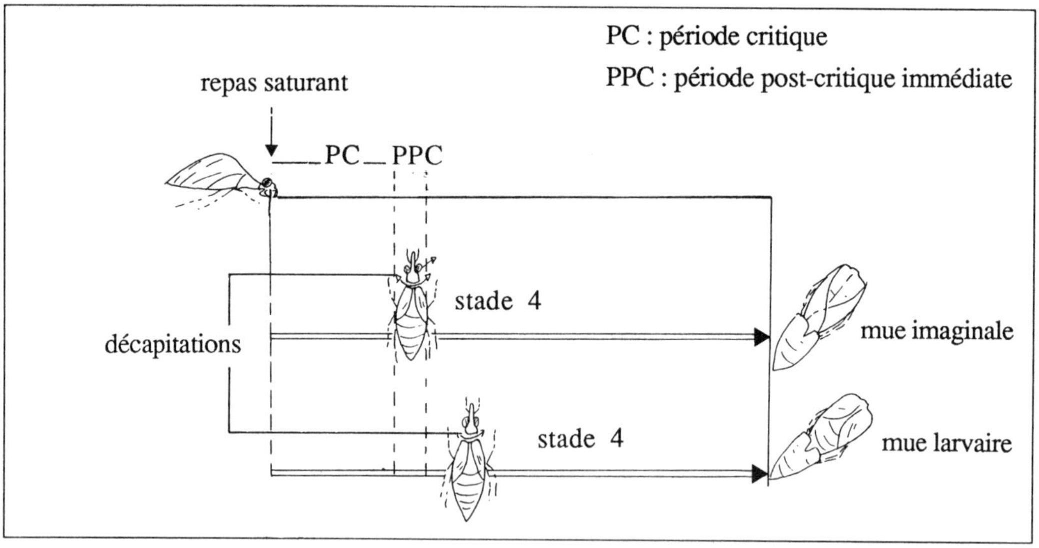

Figure 14 – Mise en évidence des conditions d'une mue larvaire chez le Rhodnius

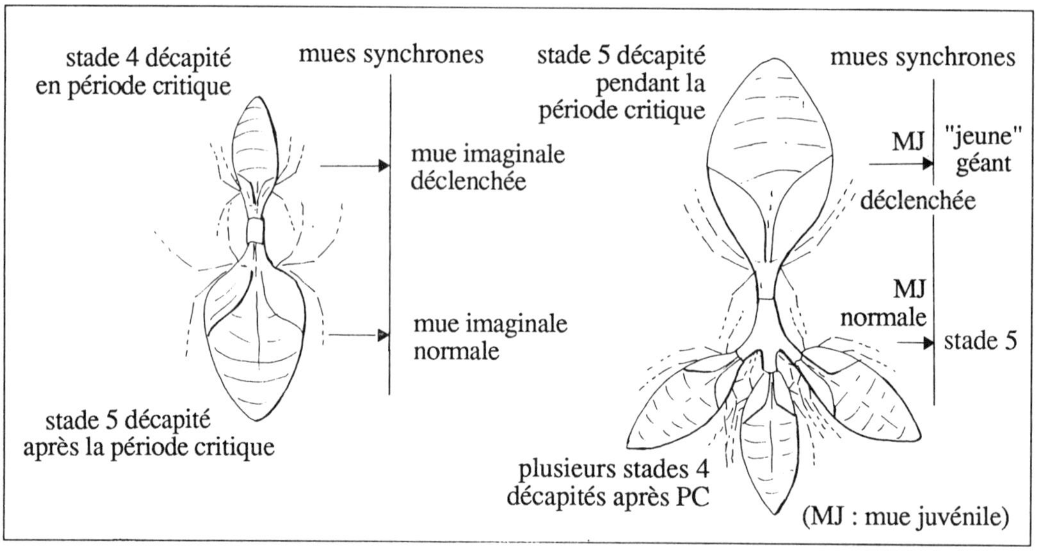

Figure 15 – Mise en évidence de l'action de l'hormone juvénile

Des expériences d'ablation systématique d'organes céphaliques ont démontré que les structures incriminées dans la secrétion de l'hormone juvénile sont des organes neuro-hémaux céphaliques nommés **corps allates** (**corpora allata**), puisque leur ablation sur un stade juvénile entraîne automatiquement à la mue suivante l'obtention d'un **imago nain** et que leur greffe, sur un stade 5 de Rhodnius, permet d'obtenir un **jeune géant** de la taille de l'adulte. La secrétion de néoténine serait vraisemblablement contrôlée par une hormone allotrope secrétée par la pars-intercerebralis ou commandée par voie nerveuse (cf. figure 16).

b/ Généralisation

Des ablations et greffes systématiques réalisées chez diverses espèces d'insectes ont démontré la validité des résultats obtenus par WIGGLESWORTH. Toute mue larvaire ou juvénile se déroule donc dans un climat hormonal qui implique la **synergie entre ecdysone et néoténine** ; par contre, toute mue imaginale ou nymphale se déroule du simple fait de l'ecdysone (figure 16). De plus, les greffes interspécifiques ont démontré pour toutes ces hormones l'absence de spécificité zoologique.

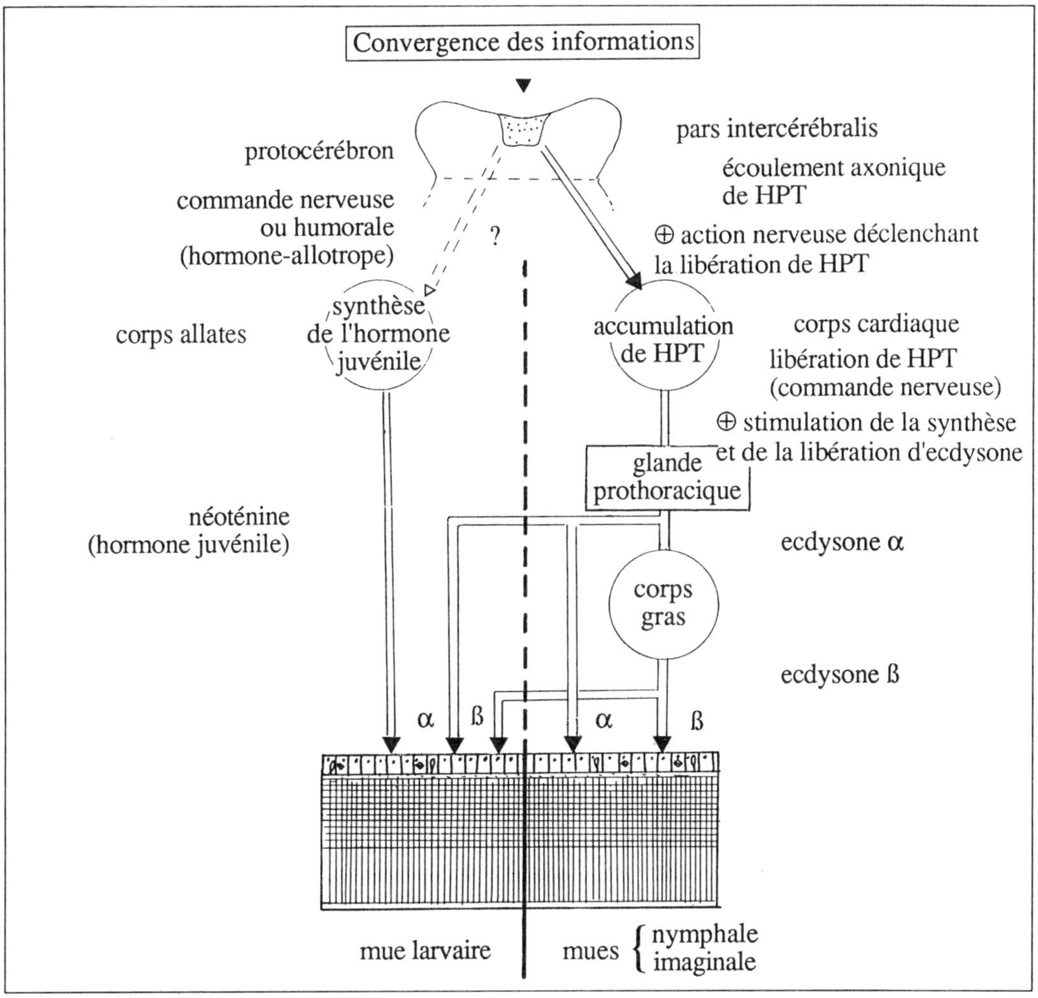

Figure 16 – Le déclenchement des mues et métamorphoses chez l'Insecte

2. Le cas des amphibiens

a/ Le rôle déterminant de la thyroïde

Historiquement, ce sont les expériences réalisées par GUDERNATSCH qui permirent de commencer à décrypter le déterminisme de la métamorphose des Amphibiens. Cet auteur additionnait, à l'eau d'élevage des têtards, des broyats de thyroïde de cheval et observait alors des métamorphoses anticipées, se soldant par l'obtention de **grenouilles "naines"**.

Ainsi, se trouvait mis en évidence le fait que la glande thyroïde pouvait déclencher la métamorphose. Des expériences ultérieures d'ablation (**thyroïdectomie**) confirmèrent, car elles se soldaient par une inhibition de la métamorphose, avec obtention de **têtards géants**, que la glande thyroïde était bien l'organe à l'origine des métamorphoses des

Batraciens. Le mode d'action hormonal de la thyroïde fut prouvé par le fait que des greffes de thyroïde, dans la paroi péritonéale de têtards thyroïdectomisés, pouvaient redonner à l'animal la capacité de se métamorphoser. Du même coup, un nouvel éclairage se trouvait donné aux expériences de GUDERNATSCH, qui se concevaient en admettant que la ou les hormone(s) thyroïdienne(s), non dégradée(s) par la digestion, se trouvai(en)t absorbée(s) au niveau intestinal, puis, que véhiculée(s) par le sang elle(s) allai(en)t agir sur les effecteurs mis en jeu lors de la métamorphose.

b/ Le déclenchement de l'activité thyroïdienne

Des ablations du lobe antérieur de l'hypophyse, réalisées chez le têtard, entraînent une inhibition de la métamorphose. Deux hypothèses peuvent être formulées à la suite de cette observation : ou bien c'est par une action synergique hypophysaire et thyroïdienne que se déclenche la métamorphose, ou alors les deux glandes agissent en relais. C'est cette dernière hypothèse qui se trouve confirmée par le fait que la seule injection d'extraits thyroïdiens entraîne la métamorphose d'un têtard hypophysectomisé. **Ce sont donc les hormones thyroïdiennes qui agissent directement sur les effecteurs de la métamorphose** ; elles n'ont pas besoin, pour être efficaces, de la présence des secrétions hypophysaires.

c/ Les relations hypothalamo-hypophyso-thyroïdiennes

Dans l'ensemble de l'embranchement des Vertébrés, l'hypothalamus est en relation avec l'hypophyse antérieure par un **système porte artériel** (cf. figure 13) qui véhicule des libérines. Chez les Mammifères, on a pu isoler une neurohormone (la TRH : Thyrotropin-Releasing Hormone), élaborée par l'hypothalamus et stimulant de façon spécifique certaines cellules de l'hypophyse antérieure secrétrices de l'hormone thyréo-stimulante (TSH). Cette hormone hypophysaire déclenche l'activité thyroïdienne, c'est-à-dire la secrétion des hormones T_3 et T_4 qui agissent directement sur les effecteurs de la métamorphose.

d/ A l'origine des métamorphoses : la maturation et l'activité de l'hypothalamus

Des études expérimentales précises, incluant le dosage des hormones thyroïdiennes sanguines, permettent de distinguer plusieurs phases dans l'activité de l'axe hypothalamo-hypophyso-thyroïdien (figure 17).

• Au cours de la prémétamorphose, un **rétro-contrôle négatif** puissant s'exerce à partir des hormones T_3 et T_4 sur l'hypophyse antérieure, ce qui maintient la thyroïde au repos. L'étude histologique de l'hypothalamus au cours de cette phase montre qu'il est immature et donc pratiquement inactif. L'absence de secrétion de TRF explique le manque de TSH. L'adénohypophyse peu fonctionnelle a donc, à ce stade, une activité autonome, indépendante de l'hypothalamus. La maturation de l'hypothalamus sera à l'origine de la métamorphose.

• Au début de la crise métamorphique, le système porte artériel hypothalamo-hypophysaire se développe de telle sorte que l'adénohypophyse se trouve soumise au contrôle hypothalamique. Les hormones T_3 et T_4 exercent alors un rétro-contrôle positif sur l'hypothalamus qui élabore le TRF, ce qui augmente de façon notable la secrétion de TSH, et donc des hormones thyroïdiennes. La boucle à rétro-contrôle négatif thyréo-hypophysaire préexistante est en quelque sorte débordée par ce mécanisme à **rétro-contrôle positif** mis en jeu entre la thyroïde et l'hypothalamus au cours de la métamorphose.

• L'action de "feed-back" positif s'estompera après la métamorphose, ramenant chez le jeune les taux sanguins de T_3 et T_4 à des valeurs plus modestes et compatibles avec une croissance post-métamorphique harmonieuse.

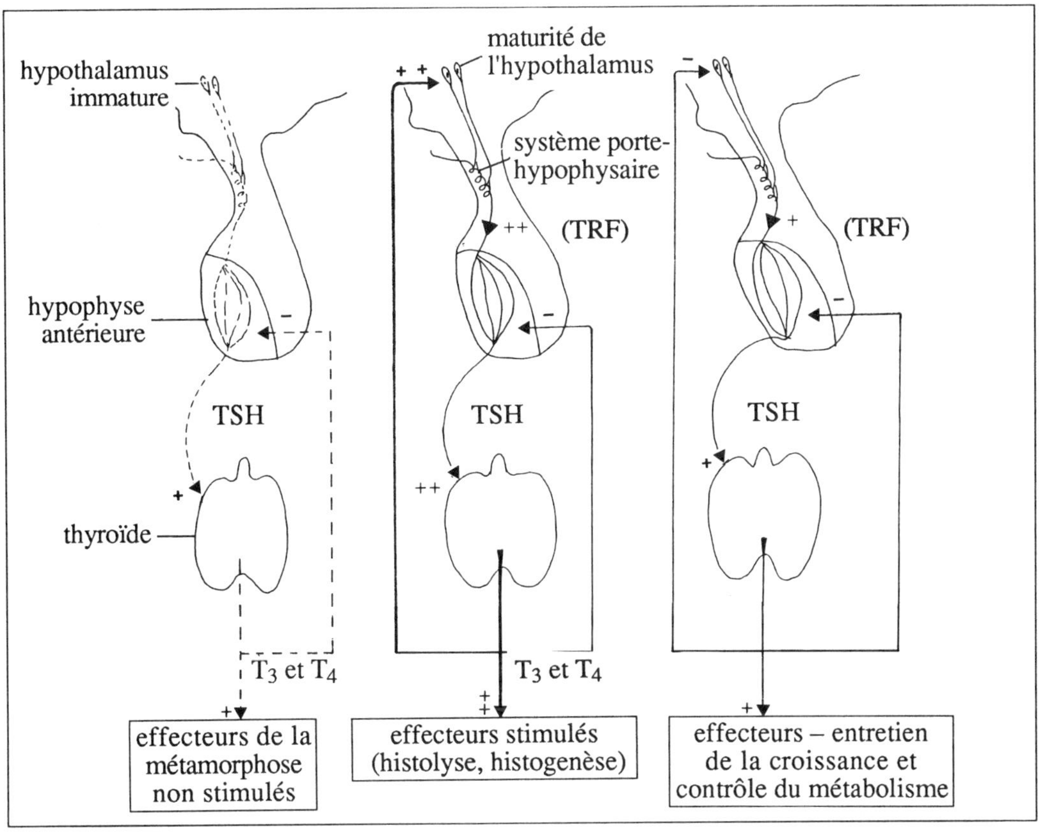

Figure 17 – Evolution de la physiologie de l'axe hypothalamo- hypophyso thyroïdien

e/ Les autres actions hormonales au cours de la métamorphose

En réalité, le déterminisme hormonal est plus complexe ; on a en particulier mis en évidence l'intervention stimulante des **corticosteroïdes**, ainsi qu'une inhibition probable par la **prolactine** avant la métamorphose.

f/ Le rôle intégrateur de l'hypothalamus

La température, la lumière, l'alternance saisonnière, le régime alimentaire et même la densité de population sont autant de facteurs qui peuvent influencer les phénomènes de croissance et de métamorphose chez les Amphibiens. Sans entrer dans le détail de leur mode d'action, on peut souligner **le rôle intégrateur de l'hypothalamus**, qui reçoit des informations d'origine externe et interne. Il contrôle ce faisceau d'informations pour déclencher ou non, selon le bilan de leur intégration, la secrétion de TRF qui est à l'origine de la boucle à rétro-contrôle positif.

3. La convergence des mécanismes de contrôle

L'étude comparée du déterminisme des phénomènes de croissance et de métamorphose chez les Insectes et les Amphibiens permet de constater la similitude des mécanismes neuro-endocriniens (tableau). Dans les deux embranchements (Arthropodes et Vertébrés), éloignés sur le plan phylogénétique, le développement post-embryonnaire est en effet sous la tutelle d'une **région spécialisée des centres nerveux céphaliques** (la pars-intercérébralis des Insectes, l'hypothalamus des vertébrés). La libération des neurosecrétions élaborées par ces centres aura toujours pour effet la secrétion dans le milieu intérieur des hormones contrôlant le développement (ecdysone et néoténine des Insectes ; T_3 et T_4 des vertébrés). L'origine des hormones de contrôle du développement est toujours une glande qui peut être qualifiée d'**organe-relais** entre les centres nerveux et les effecteurs (la glande prothoracique des Insectes et la glande thyroïde des vertébrés). La complexité du déterminisme endocrinien du développement post-embryonnaire est donc comparable dans les deux groupes étudiés. Un tel système permet d'harmoniser l'ontogenèse de l'organisme en fonction d'un ensemble de conditions externes et internes. L'état adulte, apte à la reproduction, sera ainsi obtenu avec une grande fiabilité. Le développement, programmé génétiquement, se déroule en effet dans un milieu extérieur fluctuant (alternance saisonnière – ressources alimentaires...).

	Insectes	Amphibiens
Étages intégrateurs	pars-intercérébralis corpora-cardiaca	complexe hypothalamo-hypophysaire
Premiers messages chimiques	HPT	TSH-RH (= TRF)
Organes relais	glande prothoracique	thyroïde
Hormones de métamorphose	ecdysones (α et ß)	T_3 et T_4
Effecteurs	tissus larvaires compétents	tissus larvaires compétents
Actions au niveau des tissus	histogenèse et histolyse	
Actions au niveau cellulaire	modifications des activités autocatalytiques et hétérocatalytiques du matériel génétique	

Les différents "étages" physiologiques mis en jeu dans cette régulation du DPE sont le lieu d'autant de possibilités de contrôle et permettent ainsi l'ajustement fin des modifications de l'organisme à celles de son environnement. Nous sommes loin, chez ces Triblastiques Cœlomates, d'une action directe des facteurs externes sur les cellules effectrices, comme c'est souvent le cas chez les Métazoaires primitifs. L'étude des mécanismes, assurant l'épitoquie de la Nereïs, démontrerait que les transformations, donnant à l'Annélide sa maturité sexuelle, sont directement inhibées par les neurosecrétions des ganglions cérébroïdes. On peut donc concevoir qu'au cours de l'évolution des Métazoaires il s'est produit une sophistication des moyens de contrôle, qui furent d'abord essentiellement le fait du système nerveux relayé ensuite par l'action des glandes endocrines.

On constate donc bien une **convergence évolutive** évidente dans le déterminisme du développement entre Arthropodes et Vertébrés. Le contrôle précis du DPE est, en effet, un élément important pour l'espèce dans l'adaptation à son milieu de vie. On conçoit alors que la réussite des deux embranchements dans leur conquête des différents milieux de la biosphère ait été sous-tendue par cette régulation extrêmement fine des phénomènes ontogéniques, ce qui explique la convergence évolutive des mécanismes neuro-endocriniens. On notera d'ailleurs au passage qu'Arthropodes et Vertébrés ont conquis le milieu aérien a priori hostile à la vie ; sans doute l'acquisition des phénomènes régulateurs précis de leur développement n'est-elle pas étrangère à cet événement ? Les problèmes évolutifs communs ont donc été réglés par des solutions similaires dans divers groupes zoologiques, ce qui explique la convergence évolutive des mécanismes physiologiques impliqués.

5. Les phénomènes au niveau cellulaire

L'étude du développement embryonnaire a déjà révélé l'importance des événements au niveau cellulaire : le "dialogue" intercellulaire s'est précocément développé chez le Métazoaire embryonnaire, sollicitant l'élaboration de substances, leur détection par des récepteurs spécifiques, et enfin leur action sur les cellules cibles. Le Métazoaire nouveau-né va être le lieu d'un dialogue encore plus complexe, étant donné qu'il est formé d'un grand nombre de tissus différenciés et qu'il possède, du moins chez les plus évolués, un appareil neuro-endocrinien complexe.

I – La nature des hormones et leurs récepteurs

1. Les hormones polypeptidiques

Il s'agit d'abord de toutes les neurosecrétions. Que ce soit chez les Insectes ou chez les Vertébrés (et dans bien d'autres groupes zoologiques), ces hormones produites par les centres supérieurs du contrôle du développement sont des polypeptides. On peut citer quelques exemples : l'hormone prothoracotrope des Insectes, les libérines hypothalamiques. Ajoutons que la TSH et la STH hypophysaire sont également de ce type.

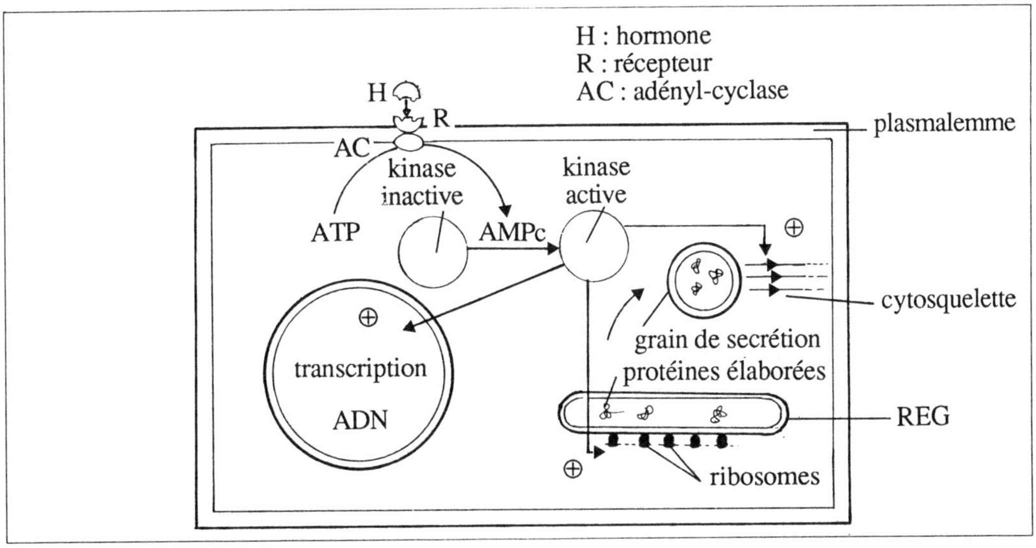

Figure 1 – Action d'une hormone polypeptidique au niveau cellulaire

Les récepteurs hormonaux de ces substances sont localisés sur le plasmalemme des cellules cibles. La fixation externe de l'hormone à son récepteur déclenche alors, par l'intermédiaire de **messagers intracellulaires**, comme par exemple l'AMP cyclique

(Adénosine Monophosphate Cyclique), une cascade d'activations enzymatiques (protéines kinases), modifiant l'activité de la cellule cible (figure 1). Sans entrer dans le détail des conséquences de l'action des hormones en question, on peut dire que, très souvent, elles déclenchent la mise en activité du cytosquelette de la cellule cible permettant l'exocytose des secrétions. Elles peuvent également agir sur l'activité hétérocatalytique des acides nucléïques de leurs cellules effectrices, stimulant alors l'élaboration de protéines spécifiques. De cette manière, la TSH pourra par exemple stimuler au niveau des cellules thyroïdiennes les synthèses et transports qui président à la libération des T_3 et T_4.

2. Les hormones lipidiques

a/ Les hormones stéroïdiennes

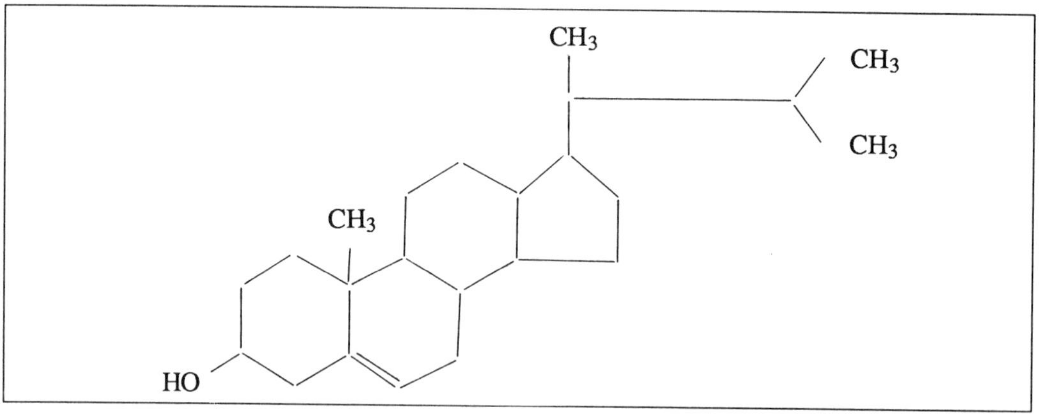

Figure 2 – Le squelette moléculaire du cholestérol

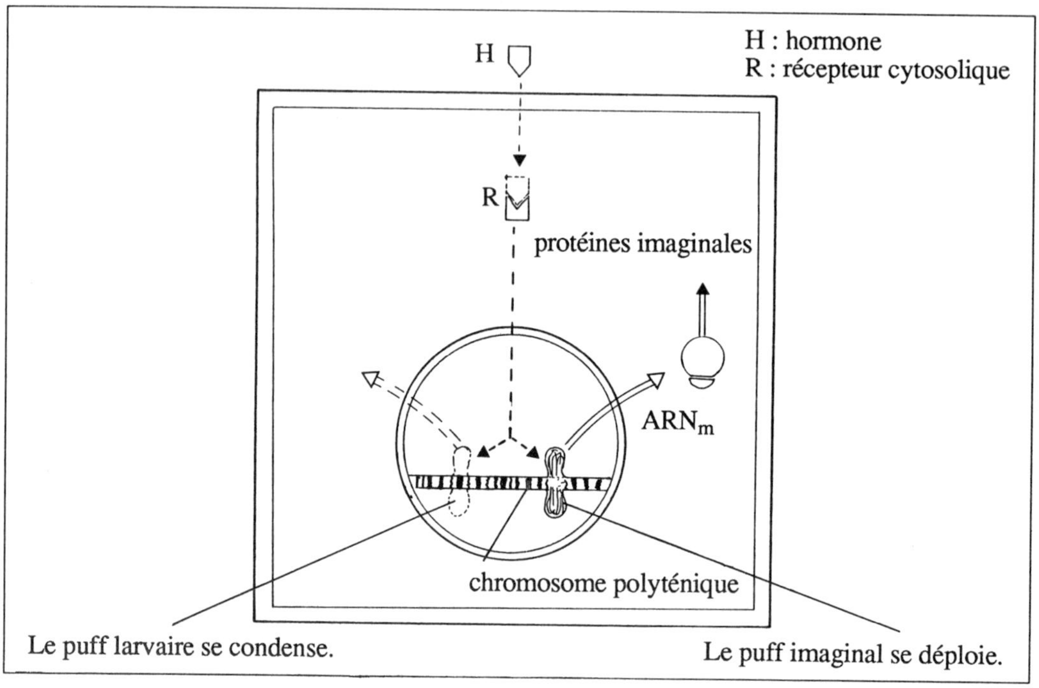

Figure 3 – Action de l'ecdysone sur une cellule effectrice d'Insecte

Toutes dérivées du cholestérol (figure 2), elles sont liposolubles et peuvent donc, de ce fait, franchir par simple diffusion toutes les biomembranes (plasmalemme – enveloppe nucléaire...). Ceci explique la localisation des récepteurs de ces hormones dans le cytosol (phase colloïdale du cytoplasme) par autoradiographie. Selon le schéma classique (figure 3), leur lieu d'action serait la chromatine, au niveau de laquelle elles agiraient, associées à leur récepteur de façon spécifique. Cette action est visualisée par l'observation du déplacement des "puffs" (zones génétiques en transcription) sur les chromosomes géants des larves de diptères traitées par l'ecdysone (cf. figure 3). L'ecdysone réprime donc les gènes juvéniles et active les gènes imaginaux. Cet effet sur l'activité hétérocatalytique serait surtout le fait de la ß ecdysone ; l'α ecdysone, quant à elle, stimulerait par un mécanisme non connu les mitoses épidermiques nécessaires à la mue.

L'action conjuguée des ecdysones déclencherait donc les mitoses (stimulation de l'activité autocatalytique par l'α ecdysone), les secrétions enzymatiques, ainsi que la production d'une nouvelle cuticule (stimulation de l'activité hétérocatalytique par la ß ecdysone). Lors des mues larvaires, les disques imaginaux seraient épargnés de l'action stimulante des ecdysones grâce à la présence de néoténine.

b/ La néoténine

C'est une hormone également lipidique, appartenant au groupe des caroténoïdes ; cette substance est véhiculée dans l'hémolymphe par un transporteur protéique ; son mode d'action n'est pas clairement établi ; **elle agit en synergie avec l'ecdysone** lors des mues larvaires, et on peut imaginer qu'elle module l'action de cette hormone. En effet, dans ce cas, l'effecteur épidermique réalise essentiellement l'apolyse et la synthèse d'une nouvelle cuticule. L'absence d'hormone juvénile pourrait libérer les sites d'action de l'ecdysone au niveau des disques imaginaux et des zones soumises à l'histolyse.

3. Les hormones thyroïdiennes

Dérivés iodés d'un acide aminé (la Tyrosine), T_3 et T_4 (figure 4) ne sont ni lipidiques, ni polypeptidiques. L'action de ces hormones originales se conçoit si on considère leur petite taille qui autorise une pénétration intracellulaire aisée. Grâce aux méthodes autoradiographiques, on a localisé leurs récepteurs à divers niveaux. Dans le foie, la nageoire caudale et le cerveau, des récepteurs spécifiques de T_3 et T_4 ont été mis en évidence au sein de la chromatine. A ce niveau, elles agiraient directement sur la transcription des gènes et, ce, sans doute par le biais d'une fixation sur des récepteurs protéiques non histoniques, qui activeraient localement des enzymes (phosphorylases). Ces catalyseurs agiraient alors sur les protéines histones associées aux gènes. Au cours de la métamorphose des Amphibiens, les gènes larvaires seraient ainsi réprimés, alors que les gènes adultes subiraient une activation. Les exemples les mieux connus sont au niveau hépatique le déclenchement de la synthèse des enzymes de l'uréogenèse, ou encore dans les érythrocytes l'activation de l'élaboration de l'hémoglobine de l'adulte au détriment de l'hémoglobine larvaire. En fait, si le contrôle de la transcription est le plus évident, les hormones thyroïdiennes modulent aussi la perméabilité cellulaire, l'activité de traduction des ARNm ou encore dans les tissus en histolyse, l'activité des hydrolases.

La seconde localisation des récepteurs aux hormones thyroïdiennes est le cytoplasme. Dans l'état actuel des connaissances, il est admis que, comme pour les hormones stéroïdiennes, les complexes hormone-récepteur cytosolique sont transférés dans le noyau où ils agissent sur les récepteurs chromatiniens. Enfin, on a mis en évidence le fait que le taux des "seconds messagers" (AMPc ; GMPc) augmente dans les cellules cibles soumises à T_3 et T_4, ce qui permet de penser que l'action des hormones thyroïdiennes peut se rapprocher par certains côtés non encore élucidés de celle des hormones polypeptidiques.

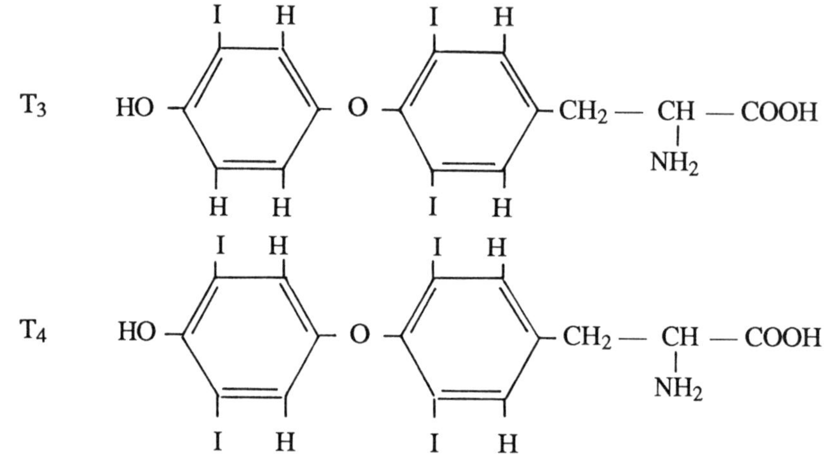

Figure 4 – Les hormones thyroïdiennes

II – Compétence des tissus et effets des hormones

1. Les Amphibiens néoténiques

La néoténie se définit le plus habituellement par la capacité de se reproduire à l'état larvaire. C'est un phénomène assez fréquent chez les Amphibiens. Les cas les plus classiques sont ceux des néoténies facultative et obligatoire.

L'exemple le plus connu de **néoténie facultative** est celui de l'Axolotl (figure 5) qui possède à l'évidence les caractères larvaires d'un urodèle avec, en particulier, la présence permanente des branchies externes. Cette "larve" a cependant des organes génitaux fonctionnels et se reproduit ; pourtant au cours des générations, on trouve toujours des individus qui se métamorphosent et prennent la forme de l'adulte connu sous le nom d'Ambystoma mexicanum. On comprend donc bien le qualificatif de facultatif donné à la néoténie de cet animal.

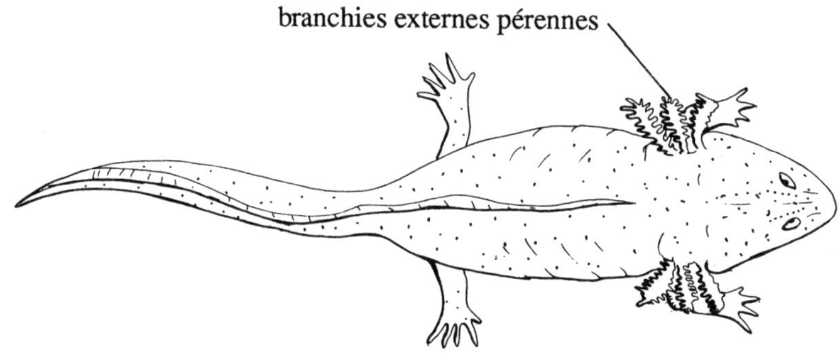

Figure 5 – L'Axolotl

Par contre, dans les grands lacs nord-américains, vit le Necture ou "chien de vase" (Necturus maculosus) qui conserve, comme le Protée (Proteus anguinus) des grottes de Carniole (Yougoslavie), toute sa vie une organisation larvaire et, ce, malgré l'acquisition d'une puberté qui le rend apte à se reproduire. Pour ces deux espèces, la **néoténie est dite obligatoire**.

2. La compétence des tissus

L'exemple des néoténiques permet au moins partiellement de concevoir les moyens de l'action hormonale. Tout d'abord, et en particulier dans le cas de la néoténie facultative, il a été démontré que certaines transformations biochimiques affectaient les Axolotls ; on note en effet, avant l'acquisition de la capacité reproductrice, une modification de leur hémoglobine et la réalisation au moins partielle de l'uréotélie ; il n'y aurait donc pas chez eux absence totale de métamorphose. L'animal pourrait se transformer sur le plan biochimique et physiologique, sans subir de modifications anatomiques et morphologiques. La compétence des tissus serait donc différenciée et on peut émettre l'idée que **leur seuil de réaction aux hormones de la métamorphose varie**.

3. Néoténie et activité de l'axe hypothalamo-hypophyso-thyroïdien

Chez les Axolotls, le déterminisme de la néoténie est au moins partiellement génétique et contrôlé par deux allèles M et n. L'allèle M dominant confère à l'animal la capacité de se métamorphoser en Ambystoma ; seuls les individus n/n seront donc néoténiques. L'altération génétique n'affecte cependant pas l'élaboration des récepteurs aux hormones T_3 et T_4, puisque leur apport exogène à ces animaux déclenche la métamorphose complète. Diverses expériences ont en effet démontré que chez l'Axolotl, c'est essentiellement l'**insuffisance du fonctionnement hypothalamique** et donc la faible secrétion de TRF qui est à l'origine de l'absence de métamorphose.

4. Néoténie et récepteurs hormonaux

Chez le Protée ou le Necture, chez qui l'axe hypothalamo-hypophyso-thyroïdien est également affecté, l'apport de T_3 et T_4 exogènes ne déclenche pas de métamorphose anatomo-morphologique. Ces animaux ont donc subi une altération génétique qui fait que leurs tissus sont démunis de récepteurs aux hormones thyroïdiennnes et qu'ils sont donc devenus incompétents.

L'étude des néoténiques confirme donc bien le fait que le mécanisme neuro-endocrinien complexe, qui détermine le développement, offre plusieurs étages de contrôle. L'intérêt adaptatif de la néoténie se révèle, si on observe certains cas accidentels du mécanisme, qui sont déclenchés par des conditions climatiques trop sévères (froid, absence de lumière...) de certaines régions géographiques. La néoténie facultative de l'Axolotl peut, elle-même, être contrôlée par l'environnement ; en effet, élevés au-dessous d'une certaine température, même les Axolotls de génotype M/M restent néoténiques. **La néoténie apparaît alors comme une protection contre le milieu** et, de ce point de vue, on conçoit que sous sa forme obligatoire elle ait été sélectionnée dans les zones climatiques défavorables. Sous ces conditions extrêmes, elle évite en quelque sorte à l'espèce d'affronter le milieu aérien.

Conclusion sur le développement post-embryonnaire

Le DPE prolonge donc directement les phénomènes embryonnaires, sans modification notable des mécanismes cellulaires mis en jeu. Les organes évoluent toujours selon une destinée pré-établie génétiquement, mais dont le déroulement peut être modifié dans le temps par le contrôle neuro-endocrinien. La "pièce et ses différents actes" sont programmés, mais leur durée peut être modulée en fonction essentiellement des facteurs de l'environnement. Cette adéquation précise, qui se trouve réalisée entre l'être en développement et son environnement, comporte un aspect adaptatif indéniable dans la mesure où elle assure l'acquisition de l'état adulte et donc la possibilité de se reproduire avec une plus grande probabilité de réussite.

L'étape ultime du développement correspondra, en effet, à la mise en activité de l'axe hypothalamo-hypophyso-gonadique, dont la physiologie contrôlée intégrera également les facteurs de l'environnement. Après l'acquisition de cette maturité, les hormones du développement continueront à diriger le métabolisme de l'animal ayant fini sa croissance et, par ce biais, seront donc impliquées, de façon plus ou moins évidente, dans le contrôle de l'activité reproductrice. Chez les Insectes, par exemple, la néoténine sera à nouveau secrétée chez l'imago, jouant alors un rôle dans le contrôle des fonctions gonadiques. Chez les vertébrés, T_3 et T_4 régulariseront le métabolisme basal. Le Métazoaire apparaît donc au cours de l'ensemble de son développement comme constitué de cellules acquérant entre elles des relations de plus en plus complexes et nombreuses, assurant l'harmonie fonctionnelle des tissus, la réalisation d'un être apte à se reproduire et, par voie de conséquence, la pérennité de l'espèce.

Conclusion générale

L'étude du développement des animaux révèle le fait qu'à partir d'une unité structurale commune, la cellule œuf, se réalisent des êtres vivants diversifiés. Les théories anciennes défendaient l'idée que la morphologie de l'adulte était déjà contenue dans l'œuf et ne faisait que se déployer au cours du développement (**théorie préformiste**). Cette opinion simpliste peut être désormais reconsidérée à la lumière des connaissances actuelles : l'information génétique de l'œuf contient en effet l'ensemble des gènes qui contrôlent et réalisent l'édification de l'animal adulte. La cellule œuf détient dans le **support mémoire, qu'est l'ADN**, l'ensemble des informations nécessaires au modelage de l'individu. La réalisation du développement consiste en une lecture progressivement différenciée de cette information dans les cellules en nombre croissant au sein de l'embryon. Les gènes de contrôle du développement (gènes à homéobox), mis en place tôt au cours de l'évolution animale, gèrent les mécanismes de la différenciation cellulaire. Le développement se poursuivant, le dialogue intercellulaire sera assuré par des messages nerveux et humoraux qui contribueront à la conservation au sein de l'individu d'un "**ordre biologique**", grâce à la stabilité territoriale des cellules différenciées et à leurs fonctionnements complémentaires qui assurent l'harmonie physiologique du métazoaire. Au-delà de ce qu'on entend par développement, c'est-à-dire après l'obtention de l'adulte, il semble bien que l'évolution de l'individu reste contrôlée et qu'elle soit toujours programmée, en particulier sur le plan chronologique, la vitesse du vieillissement et l'âge moyen de la mort apparaissant en effet comme des caractéristiques de l'espèce.

Le fait que les gamètes, fournis par les adultes, puissent donner un œuf contenant un ADN "rajeuni" reste une énigme. La "gestion du temps" par le vivant n'est pas jusqu'alors interprétée par la biologie moderne ; or, le développement est un phénomène qui s'inscrit de façon précise dans le temps.

Sujets de concours

Epreuves écrites

■ 1989

• A l'aide d'un nombre restreint d'exemples choisis dans le règne animal, vous présenterez les mécanismes et le déterminisme des développements embryonnaire et post-embryonnaire. *Agro : Concours Commun.*

• Les hormones et le déterminisme du développement embryonnaire et post-embryonnaire. *E.N.S.*

• La vie embryonnaire. L'embryon, comme tout organisme, doit se nourrir, respirer, éliminer des déchets, ... selon des modalités spécifiques.
Vous illustrerez, à partir d'exemples empruntés au règne animal, la diversité des solutions adoptées. *Agrégation.*

■ 1987

• La vie dans l'eau et dans l'air. On peut lire, sous ce titre, en introduction d'un article de Pierre Dejours (*Pour la Science*, juin 1979) le texte suivant : « A l'ère primaire, certains animaux aquatiques sont devenus terrestres, ce qui a entraîné des modifications si profondes, notamment de leur système respiratoire, que, pour le physiologiste, la division des animaux en Aquatiques et Aériens est aujourd'hui fondamentale ». Après avoir expliqué en quoi milieu aquatique et milieu aérien diffèrent par leurs propriétés biologiques, montrez, en prenant des exemples dans votre programme (respiration, excrétion, reproduction et développement), que la "division" soulignée par cet auteur n'est peut être pas si nette et qu'en fait les "Aériens" ne sont pas libérés du milieu aquatique.
Agro : Concours Commun.

• La vie embryonnaire. *Véto.*

■ 1986

• De la larve à l'adulte. *Véto.*

■ 1985

• Structures et processus de reproduction en rapport avec la diversité des habitats et des modes de vie dans le règne animal. *Agro : Concours Commun.*

• La métamorphose : un problème de développement. A partir d'exemples pris chez les Insectes et chez les Amphibiens, vous en dégagerez les principaux aspects biologiques et endocriniens. *ULM – Sèvres.*

■ 1984

• Etudier les hormones intervenant au cours du développement et de la croissance des animaux, en précisant l'origine et le rôle. *Géologie de Nancy.*

■ 1983

• Diverses espèces animales changent d'une manière très sensible de biotope au cours de leur ontogenèse ou pour accomplir leur cycle vital. A partir de quelques exemples variés et significatifs pris dans les divers groupes zoologiques, analysez les modalités de ces changements et leurs significations biologiques. *Agro : Concours Commun.*

• Les œufs des animaux :
La permanence des caractères propres à une espèce passe par la production et la survie des œufs. Vous étudierez les différents aspects de ce phénomène biologique essentiel. *Agrégation.*

■ 1982

• Les larves. *Agrégation.*

■ 1981

• A l'aide d'exemples pris chez les Invertébrés et les Vertébrés de votre programme, précisez ce que vous entendez par "métamorphoses" et discutez de leur signification. *St-Cloud Fontenay.*

• Reproduction sexuée et mode de vie : après avoir mis en évidence les problèmes posés, montrez, en partant d'exemples bien choisis, comment ils ont été résolus. *Véto.*

■ 1980

• Les métamorphoses chez les animaux. *Véto.*

■ 1979

• Les annexes embryonnaires des vertébrés. *St-Cloud Fontenay.*

• Les relations nutritionnelles entre parents et descendants au cours de la reproduction sexuée. *Agrégation.*

■ 1977

• A l'aide d'exemples bien choisis, vous comparerez, chez les Invertébrés et les Vertébrés, les modifications externes, internes et physiologiques accompagnant les métamorphoses, ainsi que le déterminisme de ces dernières ; vous montrerez qu'elles aboutissent à l'adaptation de l'adulte à un milieu nouveau. *Agro : Concours Commun.*

■ 1970

• Larves et métamorphoses chez les Amphibiens. Faire une étude aussi précise que possible des transformation morphologiques, anatomiques, histologiques, ainsi que des changements éventuels de milieu qui se déroulent lors de ces métamorphoses, dont on recherchera en dernier lieu le déterminisme et la signification. *Agrégation.*

■ 1961

• Le passage des Vertébrés de la vie aquatique à la vie aérienne d'après les poissons et les Amphibiens actuels. *Agrégation.*

Sujets d'écrit sur documents

■ CAPES – Session de 1984

Composition de biologie générale, de zoologie, de physiologie animale

• *Première épreuve*

Durée : 4 heures

Biologie du développement

Une partie considérable de la masse des connaissances récemment acquises dans les domaines de l'Embryologie descriptive et expérimentale, de la Génétique et de la Biologie cellulaire et moléculaire a été le fruit de recherches au cours desquelles gamètes, œuf, embryon ou adulte d'Amphibiens ont été utilisés.

Première partie
Développement de l'ovaire d'Amphibien

Planche de 6 photographies A, B, C, D, E et F.

1. Découvrir dans les 6 documents présentés le maximum possible d'informations. Les exposer (au besoin par des schémas annotés) en indiquant le ou les documents qui vous les ont fournies.
2. Exposer de façon concise comment se déroulent chez les Amphibiens :
   a. la gonadogenèse
   b. la différenciation ovarienne ;
   en illustrant vos explications par des schémas.

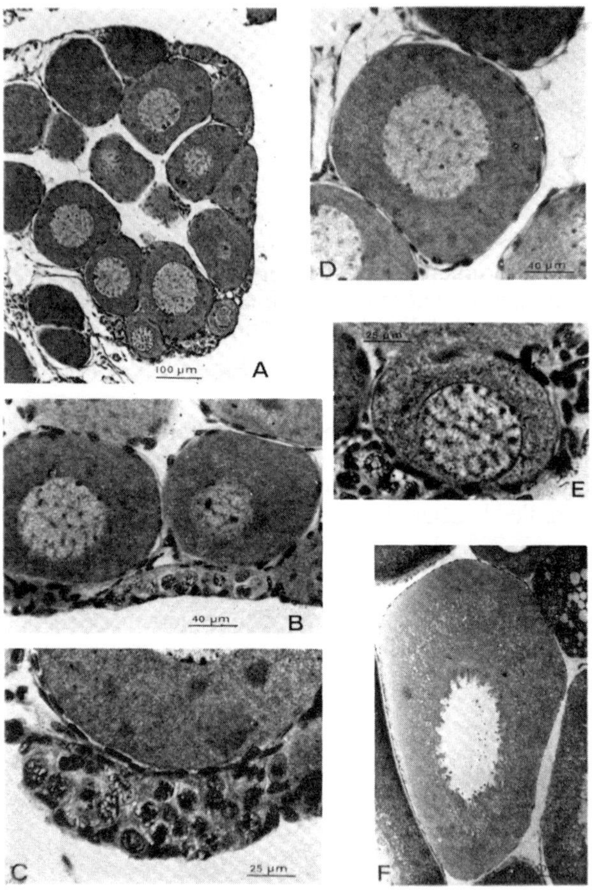

Planche de photographies : les photographies B, C, D et E sont des agrandissements de certaines parties de la photographie A (D et E) ou d'une photographie d'une autre partie du même ovaire (B et C). La photographie F représente un détail d'une coupe faite dans un ovaire au stade final de son développement.

Deuxième partie
Différenciation de l'ovocyte d'amphibien

Etude des synthèses : figures 1 et 2

1. Annoter les figures 1A et 1B : complexes de transcription isolés à partir d'un nucléole. Expliquer comment se forment ces structures et ce qu'elles signifient du point de vue fonctionnel.
   Préciser sur un schéma l'organisation et le fonctionnement d'un nucléole.
2. Faire un schéma d'interprétation (niveau submoléculaire) de la figure 1B.
3. En ce qui concerne les synthèses d'ADN et d'ARN, les courbes de la figure 2 apportent des précisions. Expliciter ce qui se passe dans l'ovocyte au fur et à mesure que progresse sa différenciation. Quels commentaires peut-on formuler en comparant ces résultats à ceux représentés sur la figure 1 ?
4. Les réserves de l'ovocyte. Préciser leur nature chimique et comment elles se constituent.
5. Définition et signification de la maturation ovocytaire.

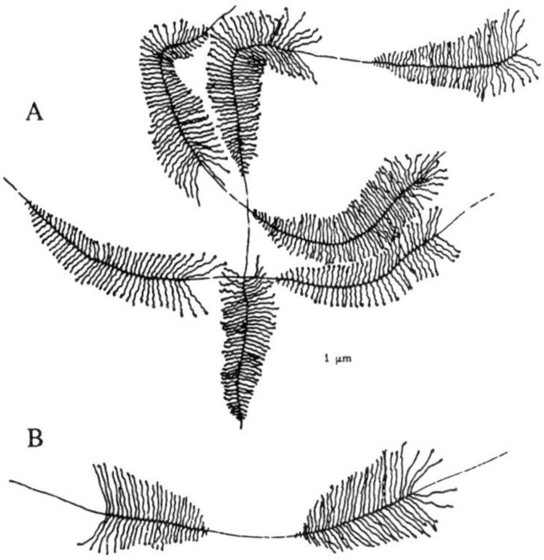

Figure 1

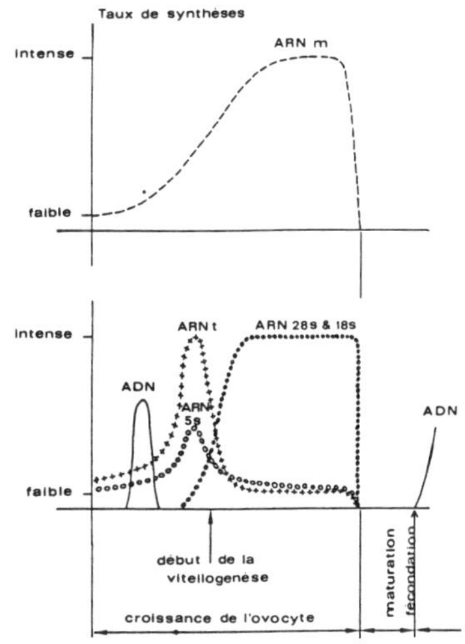

Figure 2

Troisième partie
Embryologie expérimentale chez les Amphibiens

Figures 3, 4, 5 et 6.

1. Coupe transversale d'un embryon :
   a. Interpréter la figure 3 à l'aide d'un schéma annoté ; indiquer le stade de l'embryon
   b. Décrire les mouvements morphogénétiques qui se déroulent pendant ce stade, puis préciser leur rôle dans l'ontogenèse précoce de l'animal.
2. Carte des territoires présomptifs de la morula de *Xenopus laevis* (d'après Nakamura et coll., 1978), figures 4A et 4B.
   a. Matériel et méthodes, figure 4A et 4B
   • La morula de xénope est au stade 32 blastomères ou stade 6 de la table de développement de Niewkoop et Faber. La figure 4A indique comment on a procédé pour repérer chaque blastomère.
   • A l'aide de petits blocs d'agar-agar imprégnés au sulfate de bleu de Nil (colorant vital), il est possible de colorer un blastomère donné et de voir, à un stade ultérieur, quel sera ou quels seront – le ou les – territoires(s) colorés.
   • Les imprégnations au bleu de Nil sont effectuées au stade 6 (32 blastomères) et les contrôles au stade 6 1/2 (au moment où l'on obtient deux cellules-filles colorées et l'embryon n'est conservé que si la coloration est limitée à ces deux cellules-filles). Une seconde observation a lieu au stade 16 (stade de la jeune neurula) afin d'apprécier la progression des zones colorées. Enfin la fixation de l'embryon intervient au stade 23 (stade du « jeune bourgeon caudal »).
   b. Résultats
   • Exemple : coloration du blastomère IIIc, la figure 4B présente les schémas tracés à la suite des observations successives sur la progression des aires colorées.

Tableau 1 : ensemble des résultats obtenus après colorations des différents blastomères

blastomères / territoires	Ia	IIa	IIIa	IVa	Ib	IIb	IIIb	IVb	Ic	IIc	IIIc	IVc	Id	IId	IIId	IVd
Ectoderme																
épiderme		+	+	+			+	+			+	+				
bourrelet neural	+	+				+	+			(+)	+					
plaque neurale	+				+	+										
Mésoderme																
corde dorsale					+	(+)			+							
somite						(+)			+	+	+					
lame latérale											+	+				
Endoderme																
intestin									+	+	+	+	+	+	+	+

(+) rarement colorés

c. Conclusions

A l'aide des précédents résultats, tracer les limites des différents territoires présomptifs sur un schéma de la morula.

En quoi *ce type de recherche vous* paraît-il intéressant ?

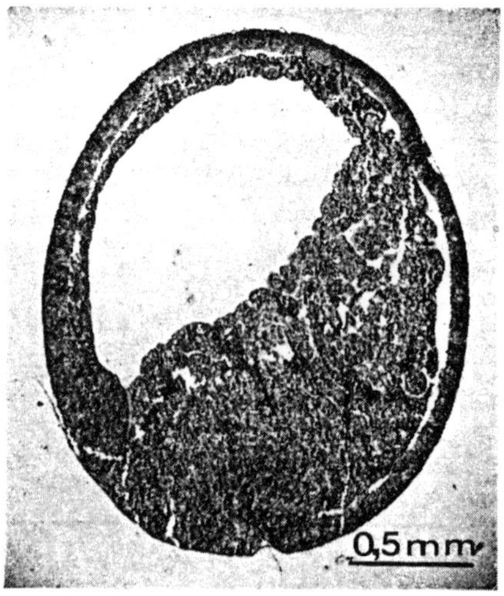

Figure 3

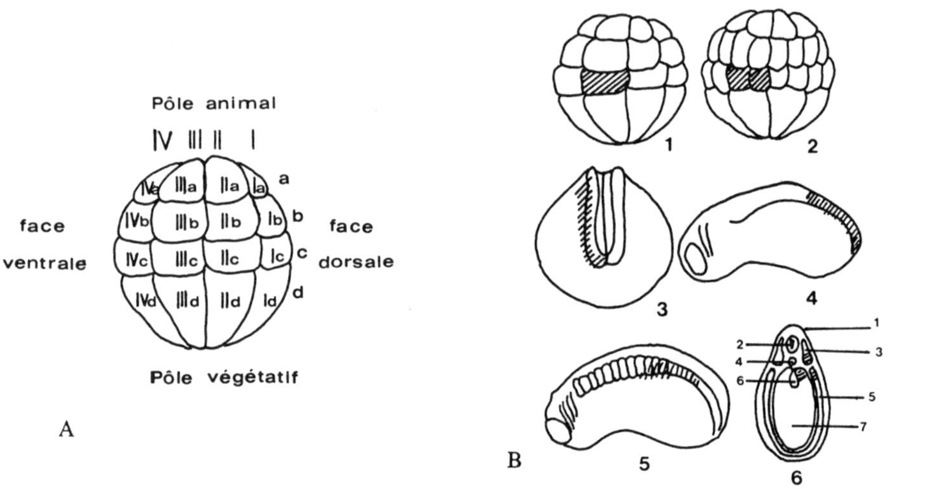

Figure 4

A : Morula de 32 blastomères, vue latérale ; B : coloration du blastomère IIIc. 1 stade 6 ; 2 stade 61/2 ; 3 stade 16 ; 4, 5, 6 stade du bourgeon caudal ; 4 coloration superficielle ; 5 coloration profonde vue après dissection ; 6 coupe transversale : 1 épiderme, 2 moelle épinière, 3 somite, 4 corde dorsale, 5 lame latérale, 6 intestin, 7 vitellus.

3. Transplantations nucléaires et interactions noyau-cytoplasme (expériences de Gurdon, 1968).

a. Transplantations nucléaires, figure 5

Cette expérience est réalisée chez le xénope 1, préparation d'un ovotide non fécondé et provenant d'une lignée d'animaux dont les cellules comportent 2 nucléoles dans leur noyau 1', on détruit le matériel nucléaire aux rayons ultraviolets 2, étant donné un têtard appartenant à une autre lignée, lignée dont les cellules comportent un seul nucléole dans leur noyau, on prélève l'intestin 3 et 4, à partir des cellules épithéliales de cet intestin et à l'aide d'une micropipette, on injecte dans l'ovotide un noyau de cellule épithéliale 5, le développement de l'œuf se poursuit et l'on aboutit à une blastula 6, la blastula poursuit son développement, on obtient un têtard 7, le têtard se métamorphose pour devenir un jeune xénope. Cet animal possède des cellules dont le noyau comporte un seul nucléole (taux de succès = 1 %) 8, il arrive fréquemment que la blastula donne naissance à un embryon anormal 9, il arrive aussi que le développement ne se poursuive pas après la greffe du noyau.

Quelles conclusions peut-on formuler à la suite de l'analyse de ces résultats ?

b. Cytoplasme et activité du génome, figure 6

On procède comme suit :

	Expérience 1	Expérience 2
I. Préparation de noyaux de	cellules de blastula	cellules nerveuses de l'encéphale
II. Les noyaux sont retirés	de l'ovocyte et de l'ovotide	de l'ovocyte et de l'ovatide
III. Injections de noyaux + précurseur marqué de l'ADN et de l'ARN	de cellule de blastula + Uridine tritiée	de cellules nerveuses + Thymidine tritiée
IV. Observations des résultats	marquage dans le noyau de l'ovocyte (A)	marquage dans le noyau de l'ovotide (D)

Dans la blastula jeune, les divisions cellulaires sont fréquentes (toutes les 20 minutes). Les cellules nerveuses de l'encéphale d'adulte synthétisent activement des neurotransmetteurs.

Quelles conclusions peut-on formuler à la suite de l'analyse de ces résultats ?

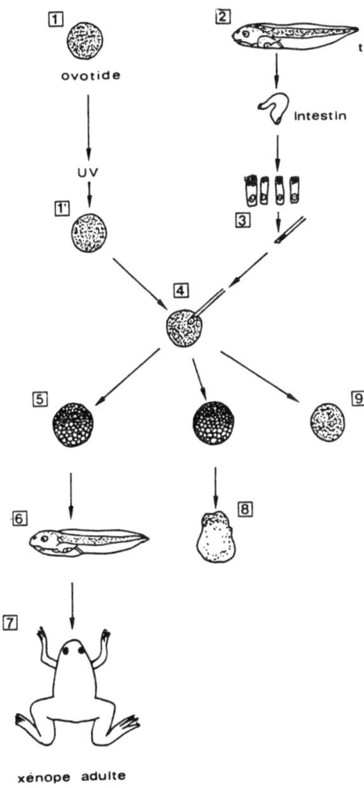

Figure 5

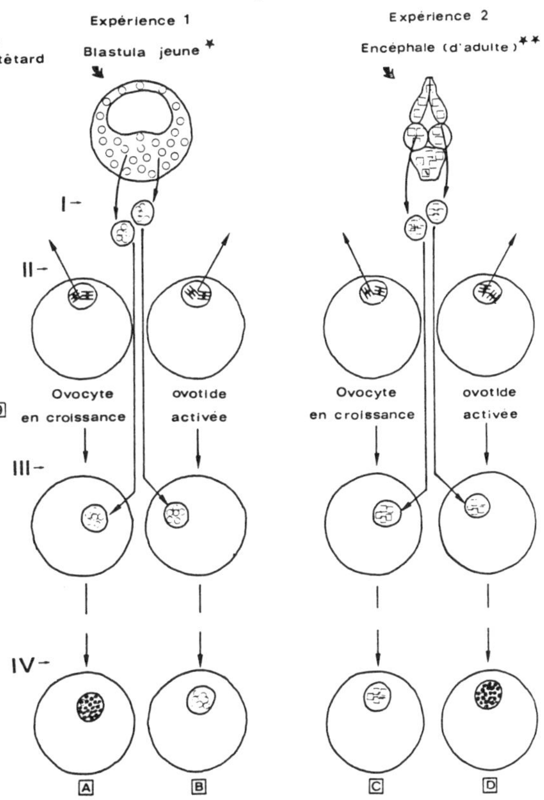

Figure 6

■ E.N.S. – Lyon 1990

Première composition de biologie

Durée: 3 heures, note sur 20
Les questions I à IV seront notées sur 12 et la question V sera notée sur 8 points.

Dans le monde animal, les grandes fonctions biologiques (croissance, métamorphose, phase de vie ralentie, reproduction) sont en majorité soumises à un double contrôle, exogène et endogène, qui assure leur ajustement aux contraintes du milieu environnant, notamment aux variations climatiques saisonnières.
Le contrôle endogène, non génétique, dépend de facteurs neuro-endocrines et endocrines dont l'importance relative est fonction du phylum considéré, de son niveau d'organisation. La démonstration de ces divers facteurs a nécessité la mise en œuvre de méthodes complémentaires de l'endocrinologie expérimentale, de la biochimie, de la biologie cellulaire et moléculaire.

1. Le développement des arthropodes (exemple : les insectes)

Chez les arthropodes, la croissance est discontinue, entrecoupée de mues dont le nombre est, en général constant pour chaque espèce. Ainsi, chez le ver à soie, *Bombyx mori,* le développement comprend 5 stades larvaires, un stade nymphal (chrysalide) et le stade imaginal.

1.1. La croissance

• Le document 1 illustre les expériences de Fukuda réalisées au dernier stade larvaire.
a. L'ablation du cerveau aboutit à l'établissement de larves permanentes.
b. L'implantation du cerveau dans l'abdomen isolé B, séparé du thorax par une ligature, ne permet pas la mue nymphale.
c. En revanche, l'implantation du cerveau dans le thorax A isolé par deux ligatures, induit une mue nymphale (type chrysalide) qui reste localisée au thorax.
d. L'injection de ß ecdysone (= ecdystérone = 20-hydroxy-ecdysone) dans l'abdomen isolé permet la mue nymphale (de type chrysalide) de ce seul compartiment.

En une demi-page environ :
– Commentez ces expériences.
– Etablissez à partir de vos déductions et de vos connaissances un schéma du contrôle de la mue. Quels sont les facteurs mis en jeu ?
– Ces expériences aboutissent-elles aux mêmes résultats quel que soit l'état physiologique initial des chenilles ?
– Existe-t-il une période critique ?

1.2. Croissance, mue et différenciation

• Le document 2 illustre les expériences de Bounhiol.
L'ablation des corpora allata (allatectomie), pratiquée au 3ème stade larvaire ou au 4ème stade larvaire, détermine une métamorphose anticipée caractérisée par l'obtention, comparativement aux témoins, de chrysalides puis d'imagos nains, caractéristiques d'autant plus marquées que l'intervention concerne des individus plus jeunes.

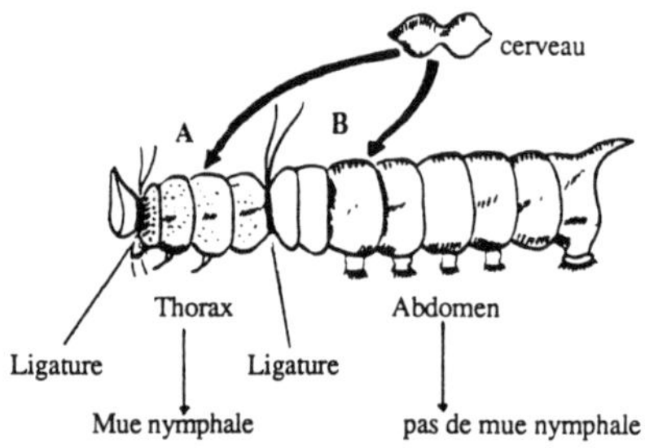

Document 1

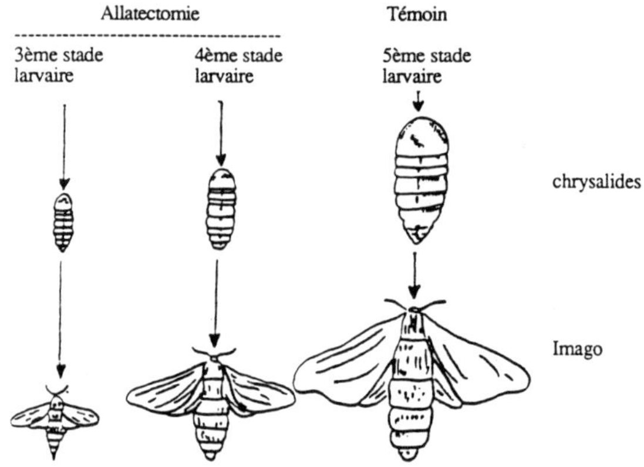

Document 2

En une demi-page maximum :
– Commentez ces expériences.
– Quelles sont les expériences complémentaires qui, de manière indubitable, permettent d'établir le rôle des corpora allata ?
– Les résultats acquis modifient-ils le schéma précédent, relatif au contrôle de la mue ?
– Ces expériences aboutissent-elles aux mêmes résultats quel que soit l'état physiologique initial des chenilles ? Existe-t-il une période critique ?

• Le document 3 concerne deux expériences de parabiose réalisées par V.B. Wigglesworth chez *Rhodnius prolixus,* punaise hématophage (hétérométabole) dont le développement post-embryonnaire comporte 5 stades juvéniles.
En a, la parabiose concerne 1 adulte et 2 larves du 5ème stade. Les trois individus effectuent de manière synchrone une mue imaginale.
En b, la parabiose est réalisée entre 1 adulte, 2 larves du 5ème stade et 2 larves du 4ème stade décapitées en avant des corpora allata. Les 5 individus effectuent une mue synchrone, de type larvaire.

En une demi-page maximum :
– Commentez ces expériences.
– La mue imaginale des Holométaboles (Lépidoptères) et celle des Hétérométaboles obéit-elle à des mécanismes différents ?
– Ces expériences aboutissent-elles aux mêmes résultats quel que soit l'état physiologique initial des parabiotes. Existe-t-il une période critique ?

1.3. Les arrêts du développement : la diapause

• Le document 4 relate une série d'expériences réalisées par C. Williams sur la chrysalide en diapause d'un lépidoptère *Hyalophora cecropia.*
L'implantation du cerveau d'une chrysalide refroidie (3°C ; 6 semaines) dans une nymphe décapitée et maintenue à 20°C induit la rupture de la diapause et la mue imaginale (cas C) ; cette implantation est sans effet si elle est réalisée dans l'abdomen isolé d'une nymphe maintenue à 20°C (cas B) ou si le cerveau provient d'une nymphe non refroidie (cas A). Enfin (cas D), l'injection d'ecdysone dans l'abdomen isolé d'une nymphe maintenue à 20°C lève la diapause et induit la mue imaginale.

En une demi-page au maximum :
– Commentez cette série d'expériences.
– Vous permettent-elles de proposer une explication du mécanisme de rupture de diapause compatible avec les schémas établis précédemment ?
– Quels sont les mécanismes inducteurs de la diapause ?
– Quels sont les avantages bio-écologiques de l'état de diapause ? Citez d'autres exemples.

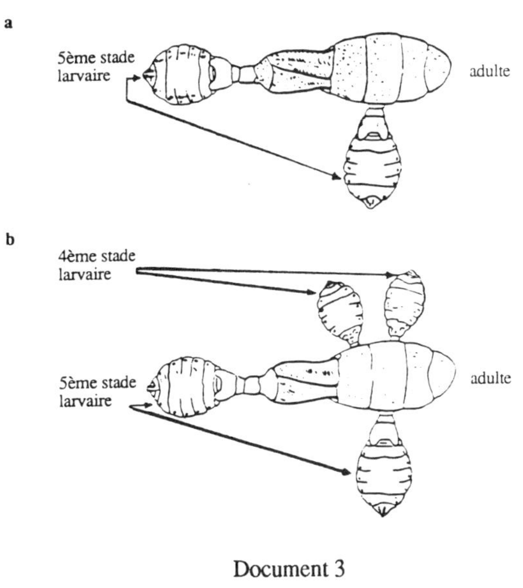

Document 3

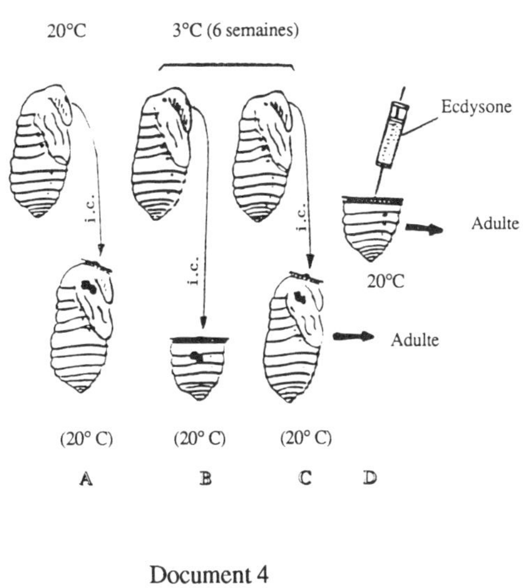

Document 4
i.c. = implant cérébral

2. L'épitoquie des Annélides Polychètes (exemple : Néréis)

Chez de nombreuses Annélides Polychètes, l'acquisition de la maturité sexuelle affecte de manière synchrone les tissus somatiques de la région postérieure (épitoquie) et la lignée germinale (gamétogénèse).

• Le document 5 tiré des travaux de M. Durchon permet d'apprécier les modalités du contrôle de l'épitoquie.
En A, un ver atoque subit l'ablation du cerveau et reçoit un greffon constitué par la partie postérieure d'un autre ver atoque. Porte-greffe et greffon subissent une épitoquie précoce.
En B, un ver atoque reçoit un greffon constitué par la partie postérieure d'un ver atoque. Porte-greffe et greffon restent atoques.

En une-demi page environ :
– Commentez ces expériences.
– Quels sont les résultats si dans l'expérience A le porte-greffe reçoit par implantation le cerveau de vers atoques ou à divers degrés de la maturation sexuelle ? Quels sont les facteurs naturels qui contrôlent l'épitoquie ?
– Etablir le schéma du contrôle de l'épitoquie.

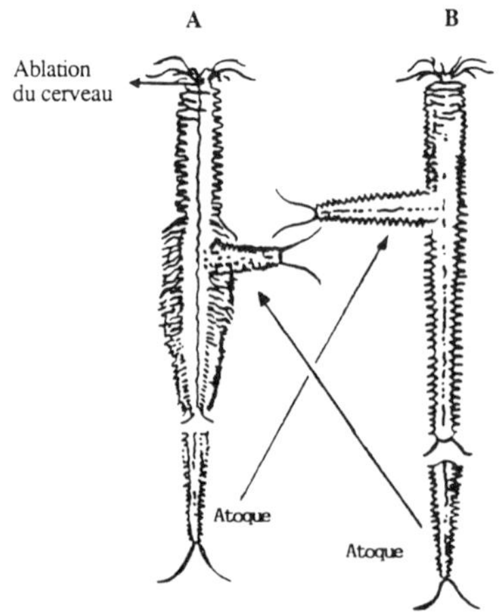

Document 5

3. La métamorphose des amphibiens anoures (1)

Les documents ci-dessous, imités de W. Etkin (1968) résument l'ensemble des expériences des dosages hormonaux, réalisés chez des larves en prémétamorphose (A) et en métamorphose (B).
– Comparez et commentez ces deux schémas.
– Evoquez les expériences qui ont permis de les établir.

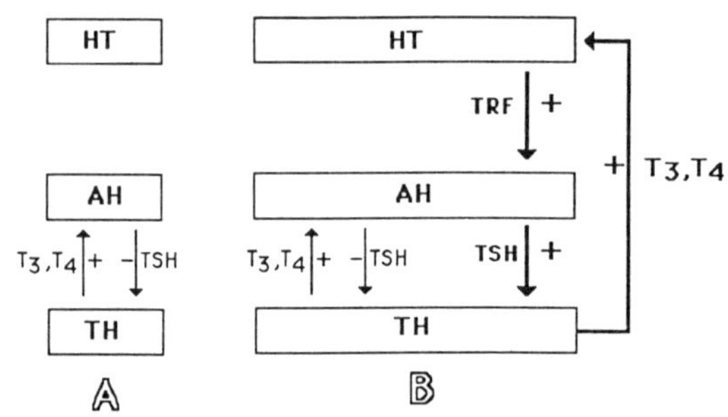

Légendes : HT = hypothalamus ; AH = adenohypophyse ; TH = thyroïde ; T3 et T4 = hormones thyroïdiennes ; TRF = thyrotropin releasing factor = thyreolibérine ; TSH = hormone thyréotrope.

4. Différenciation céphalique chez l'hydre

4.1. Tout tronçon (exemple d) prélevé au niveau de la colonne gastrique peut, par régénération, reconstituer un individu complet, présentant une polarité normale. Au niveau du plan de section antérieure, après cicatrisation et constitution du blastème de régénération, l'organogénèse aboutit à la différenciation d'une région antérieure (bouche, hypostome, tentacules). Au niveau du plan de section postérieur, dans les mêmes conditions, une région postérieure est reconstituée.

4.2. Si le tronçon d est cultivé en présence d'un extrait de la zone de croissance, la régénération aboutit à la différenciation de deux zones antérieures.
– Commentez ces expériences. Quelles sont les particularités de la zone de croissance ?
– Etablissez un schéma du contrôle de la régénération.
– Quels sont les résultats (expérience 2) si le tronçon est cultivé en présence d'extraits préparés à partir des régions a, b, c, d, e, f du corps de l'hydre.

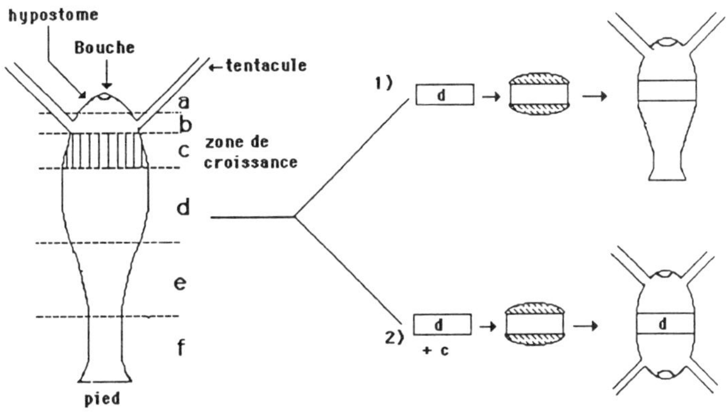

5. Généralisation

Les documents dont vous disposez, complétés par d'autres exemples de votre choix, révèlent la complexité du contrôle de diverses fonctions chez les Invertébrés et les Vertébrés inférieurs, où la neurosécrétion joue un rôle primordial.
– En est-il de même chez les Vertébrés supérieurs (exemple : la reproduction) ?
– Existe-t-il une relation entre la complexité du contrôle de la croissance, de la reproduction et le niveau d'organisation des animaux ? Peut-on, à ce propos, parler d'une phylogénèse des systèmes de régulation ?
– Au niveau moléculaire, y-a-t-il diversification ou peut-on parler d'unité du monde animal ? On traitera à ce propos du mode d'action des divers facteurs décelés à l'occasion de l'analyse des documents proposés.

(1) En prémétamorphose (A), le schéma présente une ambiguïté quant à son interprétation : il faut comprendre que lorsque les taux de T_3 et T_4 augmentent, celui de TSH diminue, c'est-à-dire que le rétrocontrôle de la thyroïde sur l'adénohypophyse est négatif. Cette même boucle est à interpréter de la même manière en B, bien entendu.

Sujets d'oral

• La structure des œufs, par l'importance des réserves et par la nature des enveloppes protectrices, conditionne, du moins en partie, le déroulement de l'ontogenèse et les possibilités d'implantation des espèces dans certains milieux. En vous appuyant sur quelques exemples précis, vous infirmerez ou confirmerez cette formule.
• Les différents types d'œufs et leurs modes de segmentation chez les animaux.
• Formation et développement de l'œuf d'oiseau.
• L'œuf de l'oiseau.
• Réserves des œufs et importance dans le développement embryonnaire.
• Relations type d'œuf – Mode de développement.
• Embryogenèse : mécanismes et déterminismes.
• La gastrulation chez les Amphibiens.
• Les mouvements de la gastrulation.
• La lèvre dorsale du blastopore.
• Origine et mise en place des feuillets embryonnaires chez la Grenouille.
• Les feuillets embryonnaires.
• La mise en place de la métamérie.
• Mise en place du cœlome et de la métamérie.
• La mise en place du plan d'organisation d'un Vertébré.
• Importance du développement pour la classification.
• L'endoderme.
• Le mésoderme : formation et devenir chez la Grenouille.
• Le troisième feuillet et son évolution chez les Vertébrés.
• L'organogenèse chez les Vertébrés.
• L'oviparité.
• La viviparité.
• Problèmes biologiques posés par la viviparité.
• Oviparité et viviparité chez les Amniotes.
• Montrez en quoi les annexes embryonnaires des Sauropsidés constituent une adaptation à la vie en milieu terrestre.
• Annexes embryonnaires des Oiseaux.
• Les annexes embryonnaires des oiseaux : leurs particularités en rapport avec le milieu aérien.
• Annexes embryonnaires et milieux de vie.
• L'allantoïde.
• Amnios et allantoïde.
• Le placenta.
• Dégagez l'évolution des relations trophiques entre les organismes maternels et fœtaux chez les Mammifères.
• Placentation des Mammifères.
• Les échanges placentaires.
• Les relations mère-fœtus chez les Mammifères.
• Les fonctions des embryons.
• Nutrition des embryons de Vertébrés.
• Inductions et morphogenèses au cours du développement embryonnaire.
• La régulation embryonnaire chez les Vertébrés supérieurs, dans les conditions naturelles et expérimentales.
• Induction et développement embryonnaire.
• Développement post-embryonnaire
• Les larves des Invertébrés.
• La vie larvaire.
• Les différents types de larves.
• Larves et métamorphoses.
• Les signification biologiques des phases larvaires.
• Intérêts de l'étude des formes larvaires.
• Larves aquatiques des Métazoaires.
• Différentes biologies des formes larvaires.
• Différents types de larves et de nymphes des Insectes.
• Comment respirent les larves ?
• Développement post-embryonnaire des Insectes.
• Développement post-embryonnaire de la Grenouille.
• Différents types de larves et de nymphes chez les Insectes.
• Mues et métamorphoses chez les Insectes.
• La métamorphose de la Grenouille : un changement en rapport avec le milieu de vie.
• Les métamorphoses et les changements de mode de vie.
• Les métamorphoses.
• Comment la métamorphose des Amphibien permet-elle de concevoir la réalisation de la sortie des eaux, au cours de l'évolution, chez les Vertébrés ?
• Les changements de milieu et de mode de vie au cours du cycle de développement des animaux.
• Etude expérimentale du déterminisme hormonal des métamorphoses et des mues chez les Insectes.
• Déterminisme de la métamorphose des Amphibiens.
• Déterminisme hormonal des métamorphoses chez les Amphibiens et chez les Insectes.
• Etude expérimentale de la métamorphose des Amphibiens.
• La croissance animale.
• Déterminisme de la croissance animale.

INDEX

r

s

t

u

v

w

x

z

BIBLIOGRAPHIE

H. BOUE, R. CHANTON, *Zoologie*, Doin.

P.P. GRASSE, R.A. POISSON, O. TUZET, *Zoologie*, Masson.

A. BEAUMONT, P. CASSIER, *Biologie animale*, Dunod.

A.L. LEHNINGER, *Biochimie*, Flammarion.

M. HERLANT, *Endocrinologie comparée des vertébrés*, P.U.F.

DURCHON, P. JOLY, *Endocrinologie des invertébrés*, P.U.F.

C.L. GALLIEN, *Reproduction et développement*, P.U.F.

C. HOUILLON, *Sexualité*, Hermann.

C. HOUILLON, *Embryologie*, Hermann.

M.A. FAIN-MAUREL, *Biologie cellulaire*, Bréal.

B. ALBERTS, D. BRAY, *Biologie moléculaire de la cellule*, Flammarion.

RIEUTORT, *Physiologie animale*, Masson.

M. FONTAINE, *Physiologie*, Gallimard.

S. SILBERNAGL, A. DESPOPOULOS, *Atlas de Poche de Physiologie*, Flammarion.

A. LE MOIGNE, *Biologie du développement*, Masson.

J. HOURDRY, A. BEAUMONT, *Les métamorphoses des amphibiens*, Masson.

Aubin Imprimeur
LIGUGÉ, POITIERS

IMPRESSION – FINITION
Achevé d'imprimer en août 1991
N° d'impression L 38339
Dépôt légal août 1991 / Imprimé en France